金 阳

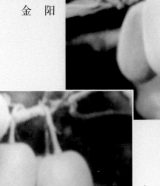

金 霞

金 丰

通山 5 号

1

魁　蜜

武植 3 号

金　魁

香　绿

2

海沃德

米 良

徐 香

徐 冠

3

川猕 2 号

三峡 1 号

秦　美

华　丰

4

为害猕猴桃的黑尾
大叶蝉成虫

眼纹疏广蜡蝉若虫(左)和成虫侧面

斑喙丽金龟子成虫为害猕猴桃叶片

嘴壶夜蛾成虫为害猕猴桃果实

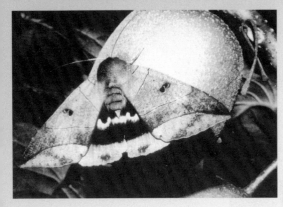

肖毛翅夜蛾成虫为害猕猴桃果实

落叶夜蛾成虫为害猕猴桃果实

绿黄毛虫幼虫为害猕猴桃叶片

二年生猕猴桃根结线虫为害状

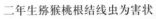

大蓑蛾幼虫为害猕猴桃叶片

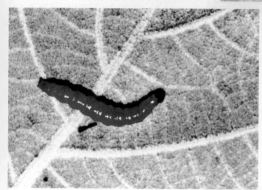

齿纹绢野螟幼虫为害猕猴桃叶片

蝙蝠蛾幼虫为害猕猴桃的部位和空洞

为害猕猴桃的草履虫雌成虫

车天蛾绿色老熟幼虫为害
猕猴桃叶片状

猕猴桃细菌性溃疡病黏液转为红褐色

猕猴桃黑斑病病果

猕猴桃蔓枯病红褐色病斑

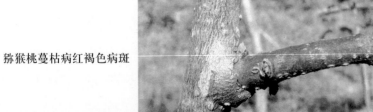

8

果蔬商品生产新技术丛书

提高中华猕猴桃商品性
栽培技术问答

陈章玖　编著

金盾出版社

内 容 提 要

本书由华中农业大学园艺林学学院陈章玖教授编著,以问答的方式对如何提高中华猕猴桃商品性作了通俗和较精确的解答。内容包括概述、猕猴桃的种类和优良品种、苗木培育、选址建园、土肥水管理、整形修剪、花果管理、病虫害防治、自然灾害防御、采收及采后管理等 10 个部分。全书紧密联系生产实际,内容丰富系统,文字通俗简练,技术先进实用,可操作性强,适宜基层农业技术人员和广大果农阅读使用。

图书在版编目(CIP)数据

提高中华猕猴桃商品性栽培技术问答/陈章玖编著.—北京:金盾出版社,2009.11
(果蔬商品生产新技术丛书)
ISBN 978-7-5082-6026-6

Ⅰ.提… Ⅱ.陈… Ⅲ.中华猕猴桃—果树园艺—问答
Ⅳ.S663.4-44

中国版本图书馆 CIP 数据核字(2009)第 180870 号

金盾出版社出版、总发行
北京太平路 5 号(地铁万寿路站往南)
邮政编码:100036 电话:68214039 83219215
传真:68276683 网址:www.jdcbs.cn
封面印刷:北京精美彩色印刷有限公司
彩页正文印刷:北京印刷一厂
装订:兴浩装订厂
各地新华书店经销
开本:850×1168 1/32 印张:6.25 彩页:8 字数:137 千字
2009 年 11 月第 1 版第 1 次印刷
印数:1~10 000 册 定价:10.00 元

前　言

我国是中华猕猴桃发祥地、资源大国和生产大国，栽培面积和产量均居世界第一位，但出口量不到产量的 1%，而新西兰生产猕猴桃出口量占其产量的 94%，相比之下，差距太大，主要原因是我国生产的中华猕猴桃商品性差，在国际市场上缺乏竞争力。在国内高端果品市场的中华猕猴桃也几乎全是由新西兰进口的海沃德。

提高我国猕猴桃商品性，就是提高猕猴桃果品的竞争力和提高猕猴桃生产效益，这是摆在有关农业科研人员和猕猴桃生产者面前的共同任务。为了对我国猕猴桃生产献出一份绵薄之力，笔者编写了《提高中华猕猴桃商品性栽培技术问答》一书，将提高猕猴桃商品性作为一个系统工程，由认识了解猕猴桃商品性入手，系统介绍了种类和优良品种、苗木培育、选址建园、土肥水管理、整形修剪、花果管理、病虫害防治、自然灾害防御、采收采后管理等环节中有利于提高中华猕猴桃果实商品性的技术。希望本书的问世，能对广大猕猴桃生产者提高中华猕猴桃栽培管理技术有所帮助，从而以高档中华猕猴桃去占领国际、国内果品市场，达到增加经济收入的目的。

在本书编写过程中，参考了一些专家的著作，在此书问世之际，谨向我所参考的文献作者表示衷心的感谢！

由于笔者水平有限，书中疏误之处恐所难免，敬请同行专家及广大读者批评指正。

陈章玖

2009 年 11 月

目　录

一、概　述

1. 果品商品性的内涵是什么?

通俗地说,果品的商品性就是好看、好吃、好卖,包括果实的外观品质、内在品质和果实具有的其他性能。外观品质是指果实形状、颜色、光滑度、整齐度和有无伤痕等。果实内在品质包括果肉的颜色、肉质的粗细、汁液的多少、酸甜味道、有无香气、含营养物质的多少等。果实其他性能包括果实的耐贮性、货架期、可食期和加工性能等。

2. 中华猕猴桃优良商品性的标准是什么?

外观品质:个大(平均重 80 克以上),果实圆柱形或椭圆形,外观漂亮,果形周正,果面无渍、无痕、无伤疤、无污点,果皮较厚。内部品质:果肉颜色绿、黄、红均可,但色泽要均匀;质地细密,能切片,汁液多,酸甜可口(适合亚洲人口味)或甜酸适度(欧美人口味)。含酸量 1.0%～1.6%适合欧美人的口味,≤1.2%适合亚洲人的口味,含可溶性固性物 14%以上,总糖含量 7%以上,维生素 C 含量 50 毫克/100 克鲜果肉以上,含量越多越好。果实性能要求耐运,后熟缓慢,耐贮性强,货架期长,可食用期长,或加工性能好。单果含种子量 800～1 200 粒。

3. 为什么要强调提高国产中华猕猴桃的商品性?

世界经济一体化是不可挡的总趋势。我国已加入世界贸易组织,无论是国际市场还是国内市场,谁占领就是谁的市场。我国人口众多,是一个很大的市场。国内高端猕猴桃市场被进口猕猴桃占领的严峻形势,值得我们深思! 究其原因,是国产中华猕猴桃商品性差所致。因此,我们应强调国产中华猕猴桃要千方百计采取有力措施提高其商品性,占领国内猕猴桃的市场,进而争取在国际市场上占有更多的份额。

4. 怎样提高中华猕猴桃商品性?

提高中华猕猴桃的商品性是一个从思想认识到制定具体措施,从采种育苗到市场销售环环相扣的系统工程。生产中华猕猴桃犹如打仗,先要了解情况,不能盲目行事。首先要认识它,并了解其植物学特征、生长发育规律、生物学特性、对环境条件的要求以及国内外生产状况。

在认识了解的基础上采取具体措施,从品种选择开始,到采种育苗、选址建园、土肥水管理、整形修剪、病虫害防治、自然灾害防御、采收、分级、包装、运输、贮藏到销售全过程要有切实可行的标准和落实的措施。每项措施都直接或间接地与其商品性相关联。

5. 中华猕猴桃的生物特性如何?

中华猕猴桃又名阳梨、藤梨、猕猴梨,是雌雄异株的木质藤本果树。共有两个种:一种是中华猕猴桃的原变种(A. Chinensis Planch.),称中华猕猴桃或中华软毛猕猴桃;另一种是其变种中华硬毛猕猴桃(A. Chinensis var. hispida C. F. Liang),现已定为一个独立的种。目前世界上作为商品栽培的主要是这两个种。

(1)中华软毛猕猴桃的生物特性

①果实 果实形状多样,有圆形、卵圆形、椭圆形、方形、长方形、长圆形、圆柱形、心脏形、肾形、僧帽形、束腰形等(图1)。果皮褐色、棕褐、青绿色或黄绿色,果实被柔软短茸毛。果肉有浅黄色、黄色、金黄色、浅绿色、绿色、翠绿色、粉红色、红色等多种,中轴胎座,具24~47个心皮,横断面呈放射状,其间排列有褐色种子(图2)。

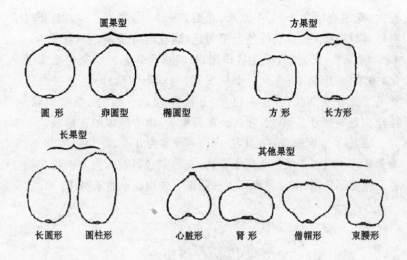

图 1　猕猴桃的不同果形

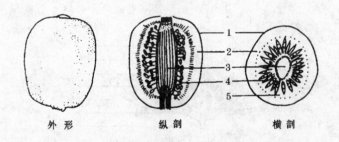

图 2　猕猴桃果实结构示意图

1. 外果皮　2. 中果皮　3. 中轴胎座　4. 种子　5. 内果皮

②种子　很小，形如芝麻。每果有种子 360～1 200 粒，千粒重 1.3 克左右。种皮颜色呈红褐色、棕红色、棕褐色或暗褐色，表面隐有蛇形花纹。

③花　雌雄异株，单性花，花腋生，极少有两性花。雌花花蕾

较大,花冠直径 2.5～4.4 厘米,花瓣 5～11 片,多为 6 片。初开时白色,以后逐渐变为淡黄色至橙黄色,谢花时变为褐色。花萼 5～9 枚,黄绿色,长卵形,覆瓦状排列,有淡棕色茸毛。雌花的雄蕊退化,多单生,少为 2～3 朵。子房发达,扁球形或圆球形,密被白色茸毛。花柱基部联合,柱头白色,分枝多达 21～41 个,呈放射状。花丝白色短于子房,向下弯曲。花药微黄,内有空瘪的花粉囊。

雄花多为聚伞花序,具花 1～6 朵,多为 3 朵,花朵比雌花小。雄蕊 31～49 枚,花丝白色高于子房,花药黄色,饱满,内有大量花粉粒。雌蕊退化,只能见发育不正常圆锥形或扁圆形的子房(图 3)。

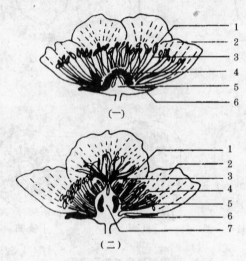

图 3 中华猕猴桃花

(一)雄花纵切面　1. 花药　2. 花瓣　3. 花丝

4. 退化花柱　5. 子房　6. 花萼

(二)雌花纵切面　1. 柱头　2. 花瓣　3. 花柱

4. 雄蕊　5. 胚珠　6. 花萼　7. 子房

(引自 Redrawn after Mcgregor 1976)

④新梢　新梢刚抽出时黄绿色或微带红色,成熟新梢红褐色或棕褐色,密被白色极短茸毛,易脱落、光滑、比较直立。

⑤叶　叶互生。叶形多为心脏形和椭圆形。嫩叶黄绿色微带红色,老叶深绿色。叶质较厚,似半革质。叶形多样,有圆形、扁圆形、矩圆形、倒卵形、椭圆形、古扇形、卵圆形、肾形和心脏形等(图4)。叶尖突尖或微凹。叶面光滑无毛。叶脉羽状,明显凹陷。叶背密生灰白色星状短茸毛。叶缘平展,刺毛状钜齿稀而短。叶柄较短(2~2.5厘米),黄绿色,阳面微红色,有白色短茸毛,易脱落。

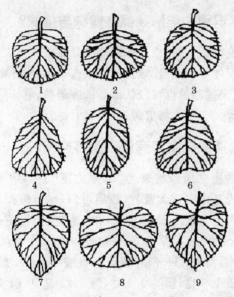

图 4　中华软毛猕猴桃的不同叶形
1. 圆形　2. 扁圆形　3. 矩圆形　4. 倒卵形　5. 椭圆形
6. 古扇形　7. 卵圆形　8. 肾形　9. 心脏形

(2)中华硬毛猕猴桃的生物特性

①果实　多长卵圆形,密被长硬毛,不易脱落,果面粗糙。

②新梢　刚抽出时紫红色,逐渐变为暗褐色,密被灰褐色长硬毛,不易脱落,脱落后有明显的毛的残迹。枝蔓粗糙,容易弯曲和倒伏。

③叶片　形状多为长椭圆形,大而薄似纸质;嫩叶紫红色,老叶绿色;叶尖渐尖;叶面有毛,叶脉凹陷不明显;叶背密生棕灰色星毛状长硬毛;叶缘波伏,刺毛状钜齿多而长;叶柄较长(3～3.5厘米),紫红色,密生黄褐色长茸毛,茸毛不易脱落。

④花　花蕾、花冠比软毛猕猴桃的小。

其他形态和软毛猕猴桃相同或相似。

6. 怎样识别中华猕猴桃的雌株与雄株?

中华猕猴桃的童期,难从外部形态分雌雄。进入结果期后,从花蕊退化状况才好识别雌、雄。雌性雄蕊退化,雄性雌蕊退化。结果以后,即使采果以后也可以认出雌株或雄株,雌株结果蔓上有果柄,雄株没有果柄,冬季修剪时,可区别对待。

7. 中华猕猴桃果实有什么营养价值?

中华猕猴桃之所以被誉为"水果之王"、"果中珍品"、"营养果",就是因为其果实富含营养,香甜可口,味道鲜美。栽培良种,每百克鲜果肉中含维生素 C 100～420 毫克,比柑橘高 5～10 倍,比苹果高 20～80 倍,比梨高 30～40 倍。果肉中含可溶性固形物 13%～25%,总糖 6.3%～13.9%,有机酸 1%～2.4%,每百克鲜果肉含蛋白质 1.6 克,脂类 0.3 类,钙 56.1 毫克,磷 42.2 毫克,铁 1.6 毫克。还含有维生素 E、维生素 P、维生素 D 等多种维生素。

新西兰对海沃德猕猴桃果实营养成分分析的结果列于表 1。此外,还含有 17 种氨基酸(表 2),多种无机盐、蛋白水解酶和猕猴桃碱等。猕猴桃所含 17 种氨基酸的组合比,接近人脑神经细胞中各类氨基酸的组合比,所以食用猕猴桃有益于人的大脑发育,提高智商。维生素 C 又叫抗坏血酸,人体不断需要,却又不能积存,需要每天补充。人体缺少维生素 C，蛋白代谢就会失调，血管通透性增强，脆性增大，容易出血。每个成人 1 天需要维生素 C50～60 毫克，每天吃 1 个猕猴桃即可满足人体之需。

表 1　海沃德猕猴桃果实营养成分

（根据 Beever and Hopkirk，1990）

营养成分	单　位	含　量
可食部分	%	90～95
能　量	焦耳/100 克鲜果肉	205.8～277.2
水　分	%	80～88
蛋白质	%	0.11～1.2
类脂物	%	0.07～0.9
可食纤维	%	1.1～3.3
碳水化合物	%	17.5
维生素 C	毫克/100 克鲜果肉	80～120
维生素 A	毫克/100 克鲜果肉	175
维生素 B_1	毫克/100 克鲜果肉	0.014～0.02
维生素 B_2	毫克/100 克鲜果肉	0.01～0.05
尼克酸	毫克/100 克鲜果肉	0.05
维生素 B_6	毫克/100 克鲜果肉	0.15
钙	毫克/100 克鲜果肉	16～51
镁	毫克/100 克鲜果肉	10～32
氮	毫克/100 克鲜果肉	93～163
磷	毫克/100 克鲜果肉	22～67
钾	毫克/100 克鲜果肉	185～576
铁	毫克/100 克鲜果肉	0.2～1.2
钠	毫克/100 克鲜果肉	2.8～4.7
氯	毫克/100 克鲜果肉	39～65

续表1

营养成分	单 位	含 量
锰	毫克/100 克鲜果肉	0.07～2.3
锌	毫克/100 克鲜果肉	0.08～0.32
铜	毫克/100 克鲜果肉	0.06～0.16
硫	毫克/100 克鲜果肉	16
硼	毫克/100 克鲜果肉	0.2

表2 秦美和海沃德猕猴桃等氨基酸含量表

（单位:毫克/100 克鲜果肉）

样品名称	海沃德	秦 美	周至 101
分析序号	1322	1318	1321
天冬氨酸	120.059	130.633	108.059
苏氨酸	50.284	44.677	50.305
丝氨酸	45.183	43.686	46.265
谷氨酸	140.283	190.591	161.742
脯氨酸	49.876	51.284	53.239
甘氨酸	49.066	45.156	55.308
丙氨酸	48.272	42.036	51.370
胱氨酸	12.310	7.416	13.228
缬氨酸	33.927	36.470	40.338
蛋氨酸	11.827	11.060	21.636
异亮氨酸	38.551	36.452	54.382
亮氨酸	51.529	56.861	65.718
酪氨酸	39.614	24.248	31.824
苯丙氨酸	32.286	30.397	37.180
赖氨酸	36.414	37.148	46.587

续表 2

样品名称	海沃德	秦　美	周至 101
组氨酸	14.567	16.284	18.464
精氨酸	39.642	72.569	73.479

报告人：路苹　　报告日期：1985 年 11 月 19 日

8. 中华猕猴桃果实有哪些医疗保健作用？

中医认为，猕猴桃果实性酸、甘、寒，有调中理气、清热、利尿、生津、润燥、散淤、消肿和健脾胃等功效，可以治疗消化不良、食欲不振、瘫痪不遂、长年白发、尿道结石、关节炎、肝炎、烧伤、烫伤、呕吐、黄疸、石淋、痔疮等疾病。对高血压、冠心病、麻疯病也有预防和辅助治疗作用。

北京医科大学宋圃菊教授同美国麻省理工学院沃根教授合作，研究结果证明猕猴桃汁能阻断人体内强致癌物质 N-亚硝基吗林和二甲基亚硝铵的合成，其阻断率高达 98.5%，为防治癌症开辟了新的途径。日本乔登研究猕猴桃的抗癌机制时发现氧化型维生素 C 可以与自由基发生反应，成为还原型维生素 C，能减少人体内的自由基，而自由基过多也是致癌的原因之一。贵阳医学院教授刘家骧研究表明，中华猕猴桃果实中含有大量的超氧化物歧化酶（SOD），具有催化氧化阴离子自由基的歧化作用，使其成为分子氧和过氧化氢，从而减少超氧化自由基对机体的损害。超氧化物歧化酶还能防止脂质过度氧化，从而可以延缓人体衰老。因此，中华猕猴桃又被誉为"长生果"、"生命之果"。

9. 为什么说猕猴桃全身是宝？

除了前述果实的价值外，猕猴桃的枝蔓、根、叶、花及种子都有利用价值。

(1)枝蔓 蔓中的纤维素质量很好,茎髓中还含有 2%的桃胶,因而修剪下来的猕猴桃蔓可以作高级纸和制胶的原料。也可用于纺织、印染和塑料工业。粉碎后可作食用菌的培养基。还可以入药,有清热利尿、散淤止血的功效。可以熬制成农药,防治茶毛虫、稻螟虫、菜青虫等害虫。

(2)根 可以入药,其性苦、涩、寒,有清热解毒、活血消肿、祛风利湿的作用,能医治关节炎、肝炎以及消化系统的肿瘤。

(3)叶 含淀粉 11.8%,蛋白质 8.2%,维生素 7.47 毫克/100克,夏季修剪下来的嫩梢和叶是很好的牲畜饲料。其叶也有清热利尿、散淤止血的功效,可以入药,还可以制农药防治稻螟、蚜虫和菜青虫等害虫。

(4)花 花芳香浓郁,富含芳香油,可提取香精或作香料。雄花花粉量大,是理想的花粉植物。

(5)种子 含油量 22%～24%,含量高的达 35.62%,可以榨取食用油和工业用油。含蛋白质 15%～16%,且具香味。种子虽多,小而可食,不需吐籽。种子有利于排便和排石的功用,可治疗尿道结石和内痔等症。种子含有亚油酸,亚油酸有降低体内胆固醇的作用。

10. 栽猕猴桃树有何生态效益?

栽猕猴桃树具有良好的生态效益:一是保持水土,减少水土流失。因其匍匐生长,叶片又大,从而对地面的覆盖面大,同时叶、蔓的茸毛也多,可以截留降雨,减轻雨滴对地表的击溅,分散地表径流,减少地表水土流失。其根系错综复杂,呈水平分布,具有很强的固土能力,同时还可以改善土壤结构,提高土壤肥力。二是可绿化美化人居环境。猕猴桃叶大花香,其棚架下荫凉,是庭院绿化的好树种。早在 1 200 多年前就被人们引入庭院栽培,并赋有"中庭井栏上,一架猕猴桃"的诗句。三是可建观光生态猕猴桃园。性属藤本,架式多样,随意造景,花果飘香,引人入胜。

11. 栽培中华猕猴桃经济收入如何?

一般栽植后 2～3 年始果,4～5 年进入盛果期,经济寿命可长达百年。浙江省黄岩市大巍头乡 100 余年的大树仍结果 50 千克。进入盛果期后,30 年内以每年每 667 平方米稳产 1 500 千克,每千克出园价按 2.4 元计算,每 667 平方米收入 3 600 元。比种水稻的收入高 4 倍。若鲜果出口或深加工,则还可大大增值。新西兰普伦提湾是猕猴桃的主产区,种猕猴桃的收入比当地放牧牲畜的收入高 6～8 倍。

12. 中华猕猴桃的发展前景如何?

中华猕猴桃肉质细嫩,汁多味浓,香甜可口,营养丰富,保健治病,深受人们欢迎,被称之为新兴水果,适宜栽植的国家和地区曾竞相发展。但在发展的过程中也出现过波折,1992 年世界中华猕猴桃出口呈现低谷之后,其主产国新西兰、智利等种植面积有所缩小。我国也有人认为猕猴桃已经饱和。但就目前的情况来看,全球水果产量约 5 亿吨,而中华猕猴桃只有 1445 万吨,仅占 0.2％。进口中华猕猴桃的国家和地区多达 129 个。我国有 13 亿人口,人均占有量才 0.3 千克,还有很多人没有见过或品尝过猕猴桃。由此可见,中华猕猴桃还大有发展前景。但由于市场竞争激烈,要想在市场竞争中取胜,取得良好的经济效益,就必须生产出商品性好的中华猕猴桃。

13. 中华猕猴桃根系生长有什么特性和规律?

(1)根系生长特性　①苗期根系发达,且扭曲生长,但主根极不发达。当幼苗具 2～3 片真叶时,分生侧根,主根缓长渐停。侧根不断分生,粗度前后几乎相等;细根稠密发达,具有丛生性缠绕生长现象,使苗期根系呈须根状(图5)。据陕西省果树研究所调查,1年生实生苗根系平均有7122条,总长度达107.74米。②成年树的主根少,而且与侧根的粗度相差悬殊;侧根上的根毛也少,所以大树移栽不易成活。③根系分布广,穿透能力强。成年树根系的垂直分布多在1米范围之内,主要分布在40~50厘米之内,其水平分布范围约是冠径的3倍;能穿过石缝或半风化的母岩向疏松湿润处伸展。④导管发达,根压强大,萌芽前后致使受伤枝蔓产生伤流。⑤多年生根上能产生不定根和不定芽。

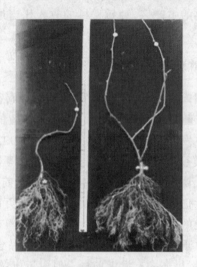

图5 猕猴桃苗根系须根状

(2)生长规律 根系生长与温度有关,当土温为8℃时开始生长,土温为20℃时进入生长高峰期,土温30℃左右新根停止生长。年周期有2次生长高峰,高峰期各地有异。浙江省第一次高峰期在6月中旬至7月中旬,第二次高峰期在9月下旬至10月上旬。

14. 中华猕猴桃枝蔓生长有何特点？新梢生长动态怎样？

蔓枝生长特点：①起初直立，随后生长按逆时针方向缠绕攀援他物而上，或相互缠绕向上生长，生长后期有自枯现象。②生长势强，年生长量大。1 年生蔓可长达 10 米以上，且 1 年分枝 2～3次。硬毛猕猴桃的生长势更强。③背地性强，上位芽萌发抽蔓旺盛。

新梢生长动态：山东潍坊的生长蔓从 3 月下旬萌芽开始到 5月下旬新梢生长出现第一个高峰，之后生长缓慢，随着雨季和高温的天气，至 7 月中旬新梢又出现第二个生长高峰。8 月之后随着气温下降和雨量稀少，又趋缓慢生长，到 9 月下旬大部分都停止生长（图 6）。结果蔓大部分只有一次生长，在 5 月下旬后便停止生长。

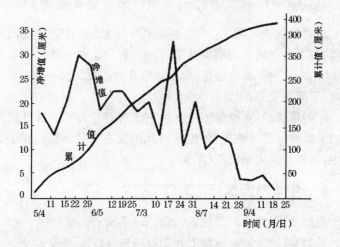

图 6　猕猴桃枝蔓生长动态　（1991）

新梢的加粗生长几乎与加长生长相一致,随着新梢的加长生长也同时加粗生长。但加粗生长主要集中于前期,5月上中旬至下旬加粗生长出现第一高峰,至7月上旬又出现小的增粗高峰,之后便趋缓慢增粗,直至停止。

15. 中华猕猴桃的芽有何特性? 花芽何时形成?

芽腋生,一腋1～3个芽,中间为主芽,两侧为副芽。通常主芽萌发,副芽潜伏。花芽为混合芽,芽垫较大;已结果的节位不再有芽,成盲节。

花芽形成需经生理分化和形态分化。生理分化在越冬前已经完成。据研究,硬毛品种海沃德和蒙蒂的生理分化从7月份开始直至晚秋,而形态分化是在春季自芽萌动开始至展叶期结束,仅20余天。

16. 中华猕猴桃叶的生长有什么特性和规律?

从萌芽到展叶需13天左右。展叶以后,叶片随枝蔓同步生长,同时进入迅速生长期。从展叶到定形,需32～38天。展叶后的10～20天生长最为迅速,此时叶幕基本形成。同一蔓上受气候影响,下部叶最小,中部叶大,上部叶小。

叶的生长规律:据张指南在山东潍坊对5月6日展叶的4年生软毛猕猴桃叶片的观察,生长高峰出现在5月下旬。在生长过程中,纵径始终大于横径(图7)。

17. 中华猕猴桃开花有何习性?

蕾期25天左右。开花期,雌株5～7天;雄株7～12天,个别品种长达20天。同一株树上开花顺序先内后外,先上后下。一条蔓上,中部花先开,其次上部,再次下部。一个花序上,中心花先开,侧花后开,全株侧花几乎在同一天开放。早晨5～8时开花,

8～10 时为雄花撒粉盛期。单花寿命 2～4 天。柱头的授粉期 6 天左右,即从开花前 2 天到开花后 4 天,以花开后 1～2 天授粉能力最强。

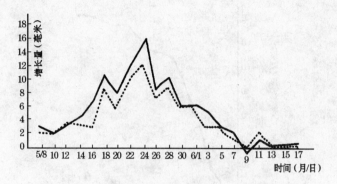

图 7　中华猕猴桃叶生长曲线　(1986)

——叶长生长量　……叶宽生长量

18. 中华猕猴桃结果习性怎样?

中华猕猴桃以中、短果蔓结果为主,结果蔓上第五至第六节结果为主。一个结果蔓可结 5～6 个果。一个结果母蔓可萌发 3～9 个结果蔓,多数为 3～4 个。结果母蔓可连续抽生结果蔓 3～4 年。中、长结果蔓当年又可形成花芽,可作为翌年的结果母蔓。花期处在天气晴朗的条件下,其自然坐果率很高,几乎是 100％。基本上没有生理落果,少数品种有少量采前落果现象。

19. 中华猕猴桃果实生长发育有什么规律?

据蒋桂华观察,中华猕猴桃软毛种与硬毛种的果实生长发育相似,表现为 3S 型,大致可划分为五个时期(图 8):①0～7 周为迅速生长期。②7～10 周为生长缓慢期。③10～12 周果实膨大期。

④12~14周为果实生长极微期。⑤14~20周为果实成熟期,果重稍有增加。

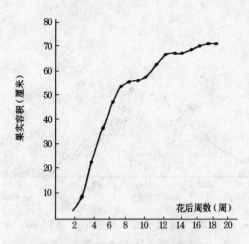

图8 中华猕猴桃果实生长曲线

第一期即花后2个月,果实体积迅速增加,约构成总生长量的75％。因此期正值细胞分裂和细胞膨大之际。

第二期为果实增大缓慢时期,种子颜色由前期的乳白色变为浅黄色,种皮开始变硬。

第三期为果实生长又出现一高峰,种子外观为淡褐色。

第四期的特点是果实生长极微,种子变为褐色。

第五期,果实稍有增大,果肉颜色转变为本色,糖分增高,果实成熟。

随着果实的增大,果肉的内含物呈现有规律的变化。碳水化合物、有机酸在果实生长初期急速增加,在7~8月份,淀粉及柠檬酸迅速积累时,糖的含量则处于较低的水平。其后随着淀粉的水解,糖的含量急速增加,酸的含量下降。维生素C含量在果实生长前期随着果实的增大而增加,果实接近成熟时,其含量呈缓慢的降低。

20. 中华猕猴桃对立地环境条件有什么要求?

中华猕猴桃原产于长江中下游沿岸山区稀疏林地,它要求温暖、湿润、光照适宜、土壤肥沃、排水良好的立地条件。

(1)温度 年平均 11.3℃～16.9℃,极低 -20.3℃,极高 42.6℃。年积温 4 500℃～5 200℃,生长期日平均温度不低于 10℃,无霜期 160～240 天。

软毛猕猴桃与硬毛猕猴桃所需温度稍有不同,软毛种稍高于硬毛种(表 3)。

表 3 软毛猕猴桃和硬毛猕猴桃正常生长发育所需温度

猕猴桃种类	年平均温度(℃)(最优)	≥10℃的年积温(℃)	1月份平均温度(℃)	7月份平均温度(℃)	极端最低温度(℃)	极端最高温度(℃)	无霜期(天)
软毛猕猴桃	>11(14～20)	4500～6000	-3.9～4.0	26.3～29.1	-12.0	42.6	210～290
硬毛猕猴桃	>10(13～18)	4000～5200	-4.5～5.0	24～32	-15.8	41.1	160～270

(2)光照 中华猕猴桃属半阴性或喜光中等的树种。对光照的要求随树龄的增加而增强。幼苗喜阴,忌直射光,成年树喜光。我国其自然分布区的年日照时数为 1 300～2 600 小时,自然光照强度为 42%～45%。

(3)水分 对土壤水分要求比较严,既忌高温干旱,又忌土壤积水。生长期要求土壤水分含量为田间最大持水量的 70%～80%。我国中华猕猴桃自然分布区的年降水量为 800～2200 毫米。

（4）空气 对空气相对湿度要求比较高，生长期要求空气相对湿度为 75％～85％，我国中华猕猴桃自然分布区的空气相对湿度为74.3％～85％。对空气质量要求无污染。

中华人民共和国农业行业标准《无公害食品——猕猴桃产地环境条件》（NY5107-2002）中，关于空气质量、环境质量的要求见表4。

表 4　猕猴桃产地环境空气质量要求

项　目	浓度限值	
	日平均	1h平均
二氧化硫（标准状态）/（mg/m³） ≤	0.15	0.50
氟化物（标准状态）/（μg/m³） ≤	7	20

注：日平均指任何一日的平均浓度；1h平均指任何一小时的平均浓度

（5）土壤 对土壤类型要求不严，红壤土、黄壤土、黏土、沙土以及砾质土壤均可栽植。但以土层深厚、土质疏松、有机质含量高（3％～5％）、pH 值 5.5～6.5 的沙质壤土最为适宜。要求土壤无污染（表5）。

表 5　猕猴桃产地土壤环境质量要求

项　目	含量限值		
	pH＜6.5	pH6.5～7.5	pH＞7.5
总镉/（mg/kg） ≤	0.3	0.3	0.6
总汞/（mg/kg） ≤	0.3	0.5	1.0
总砷/（mg/kg） ≤	40	30	25
总铅/（mg/kg） ≤	250	300	350

注：本表所列含量限值适用于阳离子交换量＞5cmol/kg 的土壤，若≤5cmol/kg，其含量限值为表内数值的半数

（6）海拔高度 我国中华猕猴桃自然分布区海拔高度为 80～

2 600 米,以 300～1 200 米为最多。

(7)坡向 南坡光照强,日照时间长,温度高,蒸发量大,易造成干旱和日灼。在自然分布区,南坡很少有猕猴桃,以半阴坡多,而且生长健壮,结果较多。

21. 什么是物候期? 中华猕猴桃分哪几个主要物候期? 了解其物候期有什么作用? 影响物候期的主要因素是什么?

活的植物体一年四季随着季节变化表现出不同的外部形态和内部生理特征,出现这些特征的时期叫做物候期。中华猕猴桃主要物候期从春到冬可分为:

萌芽期 — 抽梢展叶期 — 新梢迅速生长期 —— 开花期 — 坐果期 — 果实迅速生长期 —

果实缓慢生长期 — 果实成熟期

—— 新梢停止生长期—落叶期—休眠期

各物候期对肥水要求不同,了解物候期可依其进行不同的栽培管理。影响物候期的主要因素是温度,因而各地同一物候期出现的时间有异(表 6)。

表 6 各地中华猕猴桃主要物候期

物候期	河南西峡	陕西武功	北京植物园	庐山植物园	江西奉新	湖北武汉
萌 芽	3 月上中旬	3 月上中旬	3 月下旬	4 月上旬	3 月中下旬	3 月中旬
展 叶	3 月下旬至 4 月上旬	3 月下旬至 4 月上旬	4 月上中旬	4 月中旬	3 月下旬至 4 月上旬	3 月下旬
开 花	5 月上旬	5 月中下旬	5 月中旬	5 月中下旬	4 月底至 5 月上旬	4 月底至 5 月上旬

续表6

物候期	河南西峡	陕西武功	北京植物园	庐山植物园	江西奉新	湖北武汉
果 熟	9月下旬	9月下旬	9月下旬至10月上旬	9月下旬至10月上旬	8月中旬至10月上旬	9月中下旬
落 叶	11月中下旬	11月中下旬	11月上旬	11月上旬	11月中旬	11月下旬

22. 我国中华猕猴桃自然分布在哪些地方？野生资源蕴藏量有多少？从中选出了多少优株？

我国中华猕猴桃地理分布在北纬 18°～34°29′，东经 103°21′～120°41′的亚热带丘陵山区，以北纬 23°～34°的范围最为集中。自然分布北起秦岭和伏牛山，东至东海之滨的雁荡山，以至台湾的阿里山，南达广东和广西的岭南地区，以及云、贵、川山地，包括了 21 个省区。以河南伏牛山、陕西秦岭、湖南山区最多，其次是江西西部幕阜山、鄂西武陵山、广西西北、福建北部、安徽西部。

中华软毛猕猴桃主要分布在河南、江西、浙江、湖南、湖北、陕西、福建、广东、广西等省（自治区），有偏东分布的倾向。

中华硬毛猕猴桃主要分布在湖南、湖北、四川、云南、贵州、陕西、甘肃等省，有偏西分布的倾向（图 9）。

据 1978 年统计，我国野生中华猕猴桃果的蕴藏量约 10 万吨，其中河南有 2 250 万千克。从野生资源中选出了 1 555 个优良单株，其中最大果重 100 克以上的 154 个，91～100 克的 183 个，81～90 克的 605 个。

23. 我国中华猕猴桃的栽培历史有多久？

中华猕猴桃原生于我国，分布于山区、丘陵，长期处于野生状态。公元前约 10 世纪的"诗经"中有"低洼地里能长阳桃"的记载。据分析,中华猕猴桃又叫阳桃,野生于山区、丘陵,长在低洼地里的阳桃应是人工栽培的。由此可说我国人工栽培中华猕猴桃已有 3 000 多年的悠久历史。

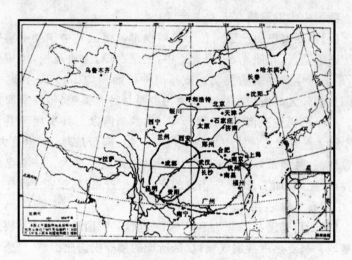

图 9　我国中华猕猴桃自然的分布情况
——硬毛猕猴桃　……软毛猕猴桃

　　中华猕猴桃作为商品栽培,仅有短短 30 年历程。20 世纪 20~80 年代,中华猕猴桃在国际水果销售市场上价格很高,不少国家以中华猕猴桃为新兴水果竞相发展。国内一些学者认为,中华猕猴桃发源于中国,资源丰富,应发挥我国优势,发展中华猕猴桃的商品生产。于是由中国农业科学院郑州果树研究所牵头,于 1978 年 8 月在河南信阳召开了全国第一次猕猴桃科研协作会,并成立了全国猕猴桃科研协作组。此后,有关单位开始做栽培试验研究。1980 年初,日本商人山田与我国外贸挂钩从新西兰引进一批海沃德苗木分栽于湖北省浦圻县(现改为赤壁市)十里坪果园场、河南省西峡县、四川省灌县等地。由此可见,我国中华猕猴桃作为商品栽培,只能从 1980 年算起,仅有 30 个年头。

24. 我国中华猕猴桃有哪几个主产区? 各有什么特色?

我国中华猕猴桃有五大主产区。

(1)陕西秦巴山产区 位于秦岭南部。该区是中华硬毛猕猴桃生态最适区,光照充足,雨量适中,土层深厚,土质疏松,土壤肥沃,最适于生产优质猕猴桃。该基地种植面积约 18 000 公顷,是我国目前最大的猕猴桃生产基地。主要品种有秦美、哑特和海沃德。产品已销往东南亚、俄罗斯等 10 多个国家。其中周至县近 667 公顷。周至县种植中华猕猴桃有 6 最:起步最早、面积最大、产量最高、品质最好、深加工能力最强、贮藏能力最大。该县已形成种植、贮藏、加工、销售一条龙的产业化生产格局,被农业部命名为"中国猕猴桃之乡"。

(2)四川苍溪县 基地面积 667 公顷,是我国第二大猕猴桃生产基地。属亚热带湿润气候,该区所产的猕猴桃肉质细嫩,口感鲜美,品种以红阳、血猕、东源红等红肉品种为主。产品已外销日本、瑞士和新加坡等国。

(3)湘西土家族苗族自治州 基地面积 5 300 多公顷,是我国第三大猕猴桃产区。该州下属 7 县 1 市 24 个乡镇 137 个村种中华猕猴桃,主栽品种米良 1 号、海沃德,深加工品种多达 11 个。

(4)河南西峡县 位于伏牛山南麓,属亚热带季风型大陆气候,土壤有机质含量丰富,土质疏松,森林覆盖率达 76.8%,主栽品种为海沃德和华美 2 号。海沃德基地 1 333.3 公顷,已形成科研—生产—贮藏—销售一体的开发体系。西峡县被国家林业部命名为"中国名特优经济林——猕猴桃之乡",被国家农业部命名为"优质猕猴桃生产基地"。

(5)江西奉新县 猕猴桃基地面积 2 000 公顷,2006 年产量

4 000吨。基地实行统一规划,连片建园,分户承包。县里成立了
猕猴桃研究所。主栽金魁品种,出口韩国、日本、泰国、新加坡。

25. 我国中华猕猴桃的栽培面积和产量各有多少? 主产省的栽培面积有多少?

据2004年统计,我国中华猕猴桃栽培面积有6万公顷,结果
面积4.6万公顷,年产量40万吨。主产省的栽培面积依次是:陕
西省16 670公顷,四川省5 330公顷,河南省4 660公顷,湖南省
2 667公顷,贵州省2 400公顷,湖北省2 192公顷,江西省2 000公
顷,广西壮族自治区1 360公顷,浙江省1 330公顷,福建省1 000
公顷。

26. 我国中华猕猴桃进出口情况怎样?

我国虽然是中华猕猴桃的原产国和生产大国,但作为商业栽
培的历史短,产品商品性差,目前还进口猕猴桃,据2003年统计进
口量逾4万吨,进口值近4千万美元。在我国高端市场上销售的
猕猴桃几乎全是进口的。

我国也出口中华猕猴桃,2000~2004年5年合计出口7 489
吨,其出口值仅占世界中华猕猴桃同期出口总值的0.09%,其原
因是我国生产的中华猕猴桃商品性差,缺乏市场竞争力。

我国生产的猕猴桃99.91%用于内销,和国外相比差距太大,
新西兰产的猕猴桃94%用于出口(表7)。

表7 猕猴桃主产国出口量所占总产量的份额

国 别	所占本国总产量的份额(%)
新西兰	94
智 利	88
意大利	60
中 国	<1

27. 我国中华猕猴桃产业存在的主要问题是什么？

(1)栽培品种良莠不齐 20世纪80年代认为中华软毛猕猴桃品质好,热栽中华软毛猕猴桃;90年代认为中华软毛猕猴桃不耐贮藏,货架期短,又热栽中华硬毛猕猴桃,所栽品种缺乏统一规划,品质良莠不齐。优良品种所占比例少,一般品种所占比例大,名牌品种更少。

(2)单位面积产量低 1995年新西兰平均每公顷产猕猴桃22 800千克,意大利产14 250千克,智利产10 950千克,而我国同年只有3 000千克。其原因除了幼树面积大和虚报面积外,主要是栽培技术落后。

(3)果品商品性差 果实大小不均,一级果少,残次果多,外观欠佳,有的栽培中施用大果灵,个头虽大,但风味淡,耐贮性差。这与栽培者的商品意识淡薄有关。

(4)包装技术落后 新西兰是单层盘式包装,我国是多层箱装。

(5)贮藏设备不足 不少大型猕猴桃园没有冷藏库或冷藏库不足。

28. 目前我国对推动和发展猕猴桃生产有所贡献的科研单位主要是哪些？

有中国农业科学研究院郑州果树研究所、中国科学院武汉植物园、江西省农业科学研究院园艺研究所、湖北农业科学研究院果茶蚕桑研究所、广西壮族自治区植物研究所、河南省西峡县林业科学研究所、陕西省果树研究所、陕西省周至县猕猴桃试验站、安徽农业大学园艺系、华中农业大学园艺林学学院、西北农林科技大学果树研究所、湖南省农业科学研究院园艺研究所、湖南省吉首大学生物系、四川资源研究所、广东农业科学研究院园艺研究所、贵州农业科学研究院果树研究所、山东农业大学园艺科学与工程学院、浙江省农业科学研究院园艺研究所、云南省农业科学研究院园艺研究所、江苏省徐州市果园、江苏省扬州杨氏猕猴桃研究所。各中华猕猴桃种植单位和个人有什么问题可以就近找以上单位咨询。

29. 目前我国从事中华猕猴桃产业的主要企业有哪些? 各有何特色?

目前我国从事中华猕猴桃种植生产、贮藏、加工和销售的大型企业有 11 家。从事此行业的单位和个人可以和他们交流经验,从中吸取有益经验。

(1)西安三泰猕猴桃果业有限公司　该公司属陕西省周至县的民营企业,主管全国最大的中华猕猴桃生产基地,实现了生产、贮藏、加工、销售一条龙的经营模式。其优质猕猴桃基地 2006 年 10 月 10 日已通过欧盟 EUREPGAP 认证。

(2)西安汇丰生态农林科技股份有限公司　该公司是集农业高科技研发、农副产品加工、生态旅游、国际贸易于一体的现代化民营企业,拥有种植基地 1 333.3 公顷,1 500 个气调库和果汁加工厂。

(3)广东聪明人集团　地处广东河源市和平县内九连山,拥有种植基地 2 000 公顷。其特色是引山泉水灌溉,施有机肥,不施化肥。

(4)湖南老爹农业科技开发有限公司　该公司是中国猕猴桃产业化经营的龙头企业和世界知名的猕猴桃深加工企业,运用了"公司＋大学＋协会＋农户"的经营管理模式,加工产品达 35 个,深加工居国际领先水平。

(5)四川禹王生态农业发展有限公司　该公司集农业生产、生态旅游、产品加工及进出口贸易于一体,拥有猕猴桃基地 1 000 公顷,产品以出口为主,已出口到澳大利亚、法国、泰国、日本等国。

(6)四川都江堰日昇农业科技有限公司 该公司由香港日昇农业发展有限公司投资经营,是专门从事猕猴桃生产、贮藏、加工、出口的企业,拥有6项包装外观设计专利和3项果箱设计专利。

(7)陕西太白山猕猴桃发展有限公司 该公司是集种植、收购、加工、销售于一体的民营企业,具有2000吨机制恒温冷库和年生产1000吨果脯的生产线,年产值2600万元,实现年利税150万元。

(8)陕西周至名优猕猴桃出口加工有限公司 该公司主要从事猕猴桃收购、出口和加工以及提供猕猴桃优质苗木。上万吨产品出口日本、韩国、加拿大和中东地区的国家。

(9)中博绿色科技股份有限公司 该公司是一家跨地区、管理现代化的培育猕猴桃优质苗木,规模化种植和猕猴桃深加工的公司,创出了《爱家人》、《碧佳人》和《爱津》三个品牌的加工饮品和调味品。

(10)四川中新农业科技有限公司 该公司是一家猕猴桃中外合资股份公司,注册资金1000万美元。合作伙伴为全球最大的猕猴桃经销商IESPPI公司。拟在四川建立亚洲最大的猕猴桃种植、加工、出口基地。并要打造中国最大的水果旅游公园,在成都市建立亚洲最大的猕猴桃研究和培训中心。

(11)重庆恒河果业有限公司 该公司隶属澳门恒和集团。该公司与意大利合作,采用意大利先进技术建设基地和进行猕猴桃产品商品化处理。

30. 目前世界中华猕猴桃栽培面积和产量有多大?

据2006年统计,全世界中华猕猴桃的栽培面积12万公顷,产量1445万吨。主栽国的栽培面积依次是中国41400公顷,意大利19000公顷,新西兰10329公顷,智利8500公顷,德国5000公顷,希腊4000公顷,日本3700公顷,美国2500公顷。产量依次是：新西兰 220 895 吨，意大利 203 000 吨，智利 130 000 吨，中国 110 500 吨，法国 60 000 号，希腊 50 000 吨，日本 47 000 吨，美国 38 000吨。从单位面积产量来看，新西兰最高，平均每公顷产一级果 25 吨，其他国家 15 吨左右，我国只有 8 吨。从猕猴桃产业化进程而言，新西兰处于领先地位。

31. 目前全世界中华猕猴桃进出口情况怎样？

全世界进口中华猕猴桃的国家和地区有 129 个，2003 年进口总量 76 901.2 吨，进口总值 11.136 亿美元。按进口量排位，依次是德国、比利时、西班牙、日本，其进口值均在 1.2 亿美元以上。

全世界出口中华猕猴桃的国家和地区有 79 个，2003 年世界出口总量为 74 444.8 万吨，出口总值 8.32 909 亿美元。主要出口国是新西兰、意大利和智利，分别占出口总值的 41%、30% 和 9%。

32. 新西兰的猕猴桃出口处于世界领先地位，有什么经验可以借鉴？

(1)政府把猕猴桃作为主要创汇产业来抓　该国政府专门成立了由政府代表、出口商和生产者组成的"新西兰猕猴桃水果局"，是全国猕猴桃的权力机构。下设对外销售、包装咨询、科学研究和品质标准 4 个部门。统一协调全国种植、加工、质量管理以及国内外贸易。1970 年又成立了"新西兰猕猴桃出口促进委员会"，1975 年又成立了"新西兰猕猴桃出口者协会"，以保证猕猴桃出口工作有序地进行和出口者密切协作。政府和出口商对种植者予以很大的支持，如发放低息贷款、供应生产资料、进行技术指导，鼓励种植者向公司投资入股。

(2)科研与生产紧密结合　课题从生产中来，成果及时推广到生产中去，生产又积极支持科研，从人力经费上给予支持，大大促进了科研工作，为猕猴桃生产的发展提供了充分的保证，有力地推动了猕猴桃产业的发展。

(3)把好出口鲜果质量关 海沃德果实必须在5月1日(相当我国10月份气候)以后采,可溶性固形物达到6.2%,外形周正,平均重80克以上。

(4)改进包装 目前采用盘式包装,只放一层,并用塑料薄膜覆盖,外罩设计新颖、美观的纸质盒盖,非常富有吸引力。

(5)重视营销研究 猕猴桃出口公司派专人和雇用专家研究国内外市场的经销结构、购买能力等与营销有关的事宜,以便制定切实可行的出口计划和保证出口的顺利进行。

(6)重视产品宣传 出口部门发行有一套供进口商使用的宣传材料,包括有关猕猴桃生产、收获、包装、冷藏、运输的文字资料、照片和录像带。包装盒还带有多种语言文字的果品品质及其食用方法的说明书。

二、猕猴桃的种类和优良品种

种是内因,外因是通过内因起作用的。选择商品性好的品种栽植,是提高中华猕猴桃商品性的先决条件。

1. 我国猕猴桃属有多少个种? 有经济栽培价值的是哪几种?

猕猴桃属植物有 66 个种,原产于我国的有 62 个种。其中中华硬毛猕猴桃和中华软毛猕猴桃是最有经济栽培价值的两个种。其次是毛花猕猴桃和软枣猕猴桃。现将各猕猴桃种的分布及果实主要经济性状列于表 8。

表 8　我国猕猴桃种类分布及果实主要经济性状

种　名	分　布	果　形	果　重（克）	风　味	可溶性固形物（％）	维生素 C（毫克/100克鲜果肉）
中华猕猴桃 A. Chinensis	秦岭、淮河以南	圆形至圆柱形	20～195.2	酸甜可口,具浓香	7～21.5	50～420
中华硬毛猕猴桃 A. Chispida	黄河以南 10 多个省	卵圆形至圆柱形	30～205	甜酸、具清香	8～25	50～240
毛花猕猴桃 A. eriantha	长江以南	近圆形至圆柱形	30 左右	味甜、微酸、香	5～16	561～1379
软枣猕猴桃 A. arguta	东北、华北	卵圆形至长圆	5～7.5	酸甜、具清香	14～15	81～430
阔叶猕猴桃 A. latifolia	长江以南	椭圆形或圆柱形	2.2～4.6		10	2140

续表8

种　名	分　布	果　形	果重（克）	风　味	可溶性固形物（%）	维生素C（毫克/100克鲜果肉）
金花猕猴桃 A. chryantha	桂、粤、湘	短圆柱形、卵圆形、长圆形	10～30	甜酸	11	71.7
狗枣猕猴桃 A. kolomikta	辽、吉、黑、滇、冀、陕、豫、鄂、川	长圆柱形、近圆形	2～10	甜酸、具香味		700～1360
黑蕊猕猴桃 A. melanandra	滇、黔、川、豫、鄂、湘等	近圆柱形	10～20			
大籽猕猴桃 A. macrosperma	苏、浙、赣、鄂、皖	卵圆形	15～25	麻辣	10	20
阿里山猕猴桃 A. arisanensis	台湾	近圆形、椭圆形	5～10			
硬齿猕猴桃 A. callosa	滇、湘、浙、台	近球形、短圆形	8～9	甜酸适度	14	50
城口猕猴桃 A. chengkouensis	鄂、陕、渝	近圆形、圆柱形	10～35		9.5	44
灰毛猕猴桃 A. cinerascens	粤	卵圆形、圆柱形	5～10		7～19.2	50～420
柱果猕猴桃 A. cylindrica	桂	长圆柱形	0.5～1			
粉毛猕猴桃 A. farinosa	桂	卵珠形、圆柱形	1～2	酸		10～20
簇花猕猴桃 A. fasciculoides	滇	长圆柱形				

续表8

种名	分布	果形	果重（克）	风味	可溶性固形物（%）	维生素C（毫克/100克鲜果肉）
条叶猕猴桃 A. fortunatii	黔	长圆柱形	1～2			
黄毛猕猴桃 A. fulvicoma	粤、湘、赣、闽	近圆柱形	3～4			30～148
粉叶猕猴桃 A. glaucocallosa	滇	扁圆形	10～15			
华南猕猴桃 A. glaucophylla	湘、桂、粤、黔	细长圆柱形	1～5			10～22
圆果猕猴桃 A. globosa	桂、湘	近球形	10～25	很酸	9	15
纤小猕猴桃 A. gracilis	桂	卵圆形	5～10			
大花猕猴桃 A. grandiflora	川	圆柱形、椭圆形	20～60	很酸	4～15	56～214
桂林猕猴桃 A. guilinensis	桂	球形	10～25			
长叶猕猴桃 A. hemsleyana	闽、浙、赣	圆柱形	16～30	酸甜、具浓香	14	29
河南猕猴桃 A. henanensis	豫	圆柱形	15～23		16	29.7
蒙自猕猴桃 A. henryi	滇	近圆柱形、长圆锥体形	2～8	酸而涩口	6	4.4
湖北猕猴桃 A. hubeiensis	鄂	卵圆形、锥体形	5～9	甜	14	51

续表8

种　名	分　布	果　形	果重（克）	风　味	可溶性固形物（％）	维生素C（毫克/100克鲜果肉）
中越猕猴桃 A. indochinensis	桂、滇	短椭圆形	6～8	酸甜	14	9～17
江西猕猴桃 A. jiangxiensis	赣	卵珠形	15～25			
小叶猕猴桃 A. lanceolata	浙、闽、赣、湘、粤	长柱形、球形、卵圆形	1		12	33
薄叶猕猴桃 A. leptophylla	滇、黔、川	短圆柱、椭圆形	1～5	浓酸	3.3	87
两广猕猴桃 A. liangguangensis	桂、粤、湘	长圆形	1～4	酸	7	10～56
漓江猕猴桃 A. lijiangensis	桂	圆柱形	20～35	淡酸	14	60
海棠猕猴桃 A. meloides	鄂、川、甘	圆球形	0.5～0.7			
美丽猕猴桃 A. melliana	桂、赣、湘、粤	圆柱形	1～4	酸	8.5	45
倒卵叶猕猴桃 A. obovata	黔	圆柱形	8～23	酸麻		
繁花猕猴桃 A. persicina	鄂、闽、浙	短圆柱	13～18	酸		
贡山猕猴桃 A. pilosula	滇	球形				
葛枣猕猴桃 A. polygama	鄂、陕、湘、浙、赣	长扁形、圆扁锥体形	5～9	涩麻	11	58

续表8

种 名	分 布	果 形	果重（克）	风 味	可溶性固形物（%）	维生素C（毫克/100克鲜果肉）
浙江猕猴桃 A. zhejiangensis	浙、闽	近球形	15～25		10～12	289～371
红茎猕猴桃 A. rubricaulis	鄂、湘、川、滇、桂、黔	长圆形	0.8～1		8	17
昭通猕猴桃 A rubus	滇	近球形	4～9	味淡、微酸	7	30
糙叶猕猴桃 A. rudis	滇	长圆柱	1	很酸	5	5
红毛猕猴桃 A. rufotricha	滇	卵圆形、圆柱形	10～19			
清风藤猕猴桃 A. sabiaefolia	赣、闽、湘、皖	卵圆形	12～25			
刺毛猕猴桃 A. setosa	台湾	近圆形、椭圆形	20～35			
花楸猕猴桃 A. sorbifolia	黔	长圆形	9～15		11	42
安息香猕猴桃 A. styracifolia	湘、赣、闽	圆柱形	2～4		9	642
栓叶猕猴桃 A. suberifolia	滇	近球形	10～20			
四萼猕猴桃 A. tetramera	鄂、川、甘、陕、豫	卵圆形、椭圆形	0.8～3.0	酸甜	11	35.47
毛蕊猕猴桃 A. trichogyna	鄂、赣、川	近球形、卵圆形	12～20			

续表 8

种　名	分布	果　形	果　重（克）	风　味	可溶性固形物（％）	维生素C（毫克/100克鲜果肉）
截叶猕猴桃 A. truneatifolia	川	卵圆形、阔圆	4～8		8	83
伞花猕猴桃 A. umbelloides	滇	卵圆形、短椭圆形	10～20			
对萼猕猴桃 A. valvata	鄂、湘、赣、皖、苏、浙、粤	卵珠形	7～12	麻辣	8	92
显脉猕猴桃 A. venosa	川、滇、藏	近卵形短圆柱形	2～8	很酸、微麻味		
葡萄叶猕猴桃 A. vitifolia	滇、川	短圆柱形	21～35	酸、麻味		
榆叶猕猴桃 A. ulmifolia	川					
滑叶猕猴桃 A. laevissima	黔					
星毛猕猴桃 A stellatapilosa	川					
全毛猕猴桃 A. holotricha	滇					
肉叶猕猴桃 A. carnosifolia	滇					

2. 笔者为何不提"美味猕猴桃"？

1984 年广西植物研究所的梁畴芬研究员和新西兰科学与工业研究部的福格逊研究员在《广西植物》上发表了"中华猕猴桃硬毛变种学名订正"一文。将中华猕猴桃硬毛变种定为一个独立的种。其理由是它与原变种相比,在果实形态上有很大差别,花、枝、叶也有区别,染色体也截然不等。中华猕猴桃原变种的染色体为 $2n=58$,硬毛的 $2n=170$。其种名根据国际植物命名法规优先律,承认法国学者 A. chevalier 1940 年和 1941 年发表的两篇文章所称的"美味猕猴桃"(Actinidia chinensis planch. var. deliciosa A. Cher.)

笔者认为将中华猕猴桃的硬毛变种定为一个独立的种是可以的,但命名为美味猕猴桃不妥。其理由:①总体上说,硬毛猕猴桃的品质逊于软毛猕猴桃。如硬毛猕猴桃的代表品种海沃德的品质就不如软毛的庐山香、魁蜜和通山 5 号等品种。②植物分类多是以植物外部形态特征或发源地、发现地命名,不以滋味美不美命名。味美不美,因人而异,亚洲人多爱吃偏甜的水果,以酸甜香为美;欧洲人多爱吃偏酸的水果,都以甜酸香为美。③A. chevalier 的观点也不是一成不变的。他 1940 年的文章认为中华硬毛猕猴桃是阔叶猕猴桃的变种,1941 年的文章则认为是中华猕猴桃的变种。以梁畴芬先生命名的"中华猕猴桃硬毛变种"订正为"中华猕猴桃硬毛种"(Actinidia Chinensis hispida planch C. F. Liang)更为科学,它既表示其发源地,又表示其形态特征。科学家是尊重科学的,A. Chevlier 在世是可以接受的。④新西兰从我国引种硬毛猕猴桃驯化,培育出海沃德垄断了国际猕猴桃市场,商品名称是 Kiwifruit(基维果),并称其是"国果",但他们一直承认是在中国引种的中华猕猴桃硬毛变种。

笔者曾于 1993 年在重庆召开的全国第八次猕猴桃科研协作

会上发言讲过上述观点。正因为持有此观点,笔者在讲课、技术咨询或写文章时从不提"美味猕猴桃"。

3. 中华猕猴桃早、中、晚熟品种怎样划分?

依果实成熟早、迟划分。在我国 8 月中旬至 9 月上旬成熟的为早熟品种,9 月中旬至 10 月上旬成熟的为中熟品种,10 月中旬至 11 月成熟的为晚熟品种。

4. 中华软毛猕猴桃有哪些优良雌性品种? 各品种来源、性状及对其评价怎样?

(1)红肉品种 预测是今后的时髦品种。

①红华 由四川省自然资源研究所和苍溪县合作,以红阳为母本、以野生硬毛猕猴桃为父本杂交育成。果实平均重 97 克,最大果重 137 克,长椭圆形。果顶平坦,果皮褐色,被短茸毛,外表美观;种子外侧的果肉呈放射状鲜红色,红色面积占横切面 2/5 以上,其余果肉为黄色。横切面的颜色十分美观。肉质细嫩,风味好,香甜有蜜味,甜酸适度,品质上等,含可溶性固形物 18.9%,总糖 11%,总酸 1.35%,维生素 C 69.76 毫克/100 克鲜果肉。果实 9 月下旬至 10 月上旬成熟,在常温下可存放 15～20 天,在冷藏条件下可贮藏 3 个月以上。

植株生长健壮,生长势强旺,枝蔓粗长,叶大肥厚,夏季不焦枯,抗风、抗涝、抗病虫力都较强,丰产性也好。

该品种果肉红色,是目前最时髦的猕猴桃商品果,而且具有杂交优势,生长健壮,抗逆性强,丰产性好,值得大力推广。

②楚红 由湖南省农业科学院园艺研究所和长沙楚源果业有限公司联合选出。果实平均重 80 克,最大果重 121 克。果实长椭圆形或扁椭圆形,整齐度高;果面深绿色,无毛,果实近中央部分轴周围呈艳丽红色,在横切面上从外到内呈绿色－红色－浅黄色相

间的图案,极为美观诱人。肉质细嫩多汁,风味浓,香甜可口,品质上等。含可溶性固形物 16.5%,最高达 21%,总酸 1.47%。9 月上旬成熟,在常温下可贮藏 7～10 天,在冷藏条件下可贮藏 3 个月。

树势较强,新梢生长量大,丰产稳产。4 年生树平均株产 32 千克。生态适应性良好。

楚红个大、质优、早果、丰产、成熟早、肉色时髦,很有发展前途。

③红阳　由四川省资源研究所和苍溪县合作选出。果实平均重 70～80 克,果形卵圆形或长圆柱形,萼端深陷;果皮绿色,光滑;果肉红色和黄绿色相间,髓心红色,其横切面果肉呈红、黄、绿相间的图案,非常美观。肉质细,汁液多,味偏甜,有香气,适合亚洲人口味。含可溶性固形物 14.1%～19.6%,总糖 13.45%,总酸 0.49%,维生素 C 135.77 毫克/100 克鲜果肉。果实 9 月上旬成熟,在常温下可贮藏 15～20 天。

红阳树势较弱,枝蔓节间较短,平均长度在 5 厘米以下,短蔓多,树冠紧凑。要求光照充足、土壤肥沃和排水良好的立地条件。枝蔓萌芽率在 80% 以上;成蔓率较低,幼树 30% 以下,结果树则更低。红阳早果性强,定植后第一年结果株率在 30% 以上,第二年全部结果。

该品种树势弱,立地条件要求高,但由于其果心鲜红色,味香甜,很受国人欢迎,也是一个时髦的猕猴桃商品果品。成熟期也早,可以适当发展。

④黄肉红心　由四川省苍溪县林业局在红阳推广中发现的新品系。果实平均重 85～100 克,最大果重 170 克。圆柱形,较整齐,果皮绿色或绿褐色,果毛柔软易脱。果皮薄,果肉黄色,中轴白色,子房鲜红色,横切面呈放射状图案。肉质细嫩,汁多味浓,纯甜浓香,品质上等。含可溶性固形物 19.6%～24%,总糖 13.5%,总

酸 0.49%,糖酸比 27.45,维生素 C 135~250 毫克/100 克鲜果肉,果实在软熟之前即可食用,具有酸甜适中,清香可口的特点。果实 9 月中旬至 10 月上旬成熟。采收后常温下可存放 15~20 天,低温下可贮藏 4~6 个月。鲜食、加工兼用。

该品系树冠紧凑,生长旺盛,树体健壮,萌芽率高,成蔓力强。结果蔓多着生在结果母蔓的中下部,果实着生在结果蔓的 1~5 节。幼树以长、中果蔓结果为主,成年树以短结果蔓结果为主。早果、丰产性能强,1 年生嫁接苗栽后翌年 96% 树结果,3~4 年进入盛果期,株产可达 20 千克。抗病虫能力较强,抗风抗旱能力较弱。

就其以上性状,可称之为中华猕猴桃的特优新品系,应迅速繁殖进行区试,进而积极推广。

(2)黄肉品种 是目前正在兴起的品种。

①武植 6 号 由中国科学院武汉植物研究所选出。平均单果重 65 克,最大果重 120 克,呈细长圆柱形,均匀整齐,果皮棕褐色,皮厚,果面光洁,茸毛少,果顶稍凸,外表美观。果肉金黄色,肉质细,汁液多,味酸甜,具清香,品质上等。含可溶性固形物18%~21.5%,总糖 7.6%,有机酸 2.1%,维生素 C 147~152 毫克/100 克鲜果肉。果实 9 月底成熟,耐贮藏。湖北省建始县海拔 800~1 000 米的山地产品,在当地常温下可贮到春节前后,而且在贮藏期间果肉不变软,不易因失水而皱皮。

武植 6 号树势中庸,以短果蔓结果为主。结果早,嫁接苗栽植第二年结果株率达 80%,丰产性特好。

该品种果形美,品质优,较耐贮,结果早,特丰产,鲜食和加工兼用,它的综合性状除贮藏性与货架期外,其余性状远远超过海沃德,可大力发展。

②金桃 由中国科学院武汉植物园从武植 6 号中选出。平均单果重 82 克,最大果重 121 克,果实长圆柱形,整齐端正,大小均匀;果皮黄褐色,皮厚,果面光洁,果顶稍凸,外观漂亮,成熟后萼片

脱落,果心小而软;果肉金黄色,质地脆,肉细嫩,汁液多,酸甜适中,味浓清香,品质上等。含可溶性固形物 18%～21.5%,总糖9.1%～11.1%,维生素 C 121～197 毫克/100 克鲜果肉。9 月底成熟,耐贮性强,在常温下贮藏 34 天,硬果率 100%,贮藏 78 天硬果率达 42%。在冷藏条件下,可贮藏 9 个月。

该品种在 2001 年以 17.2 万美元拍卖给意大利在欧洲市场10 年繁殖权。意大利为得到更大的利益回报,于 2003 年又续签到 2028 年。现在 KiwiGold Consorzio 股份集团公司将金桃在欧洲及南美洲签订了大面积推广合同。金桃的拍卖,开创了果树品种在国际专利拍卖的先例。

金桃在意大利的栽培面积已有 300 公顷。产量 1 500 余吨,预计今后几年将发展到 1 000 公顷。意大利专家预测:"中国金桃"将要占领国际猕猴桃市场。

③早鲜　由江西省农业科学院园艺研究所选出。平均单果重75.1～94.4 克,最大果重 150.5 克。果实圆柱形,端正整齐,果皮黄褐色或绿褐色,果面光滑,果心小,果肉绿黄色或黄色,质细汁多,酸甜可口,风味较浓,微具清香,品质优良。含可溶性固形物12%～16.5%,总糖 7.02%～10.78%,柠檬酸 0.91%～1.25%,维生素 C 73.5～128.8 毫克/100 克鲜果肉,含有 16 种氨基酸。果实 8 月中下旬成熟,有采前落果现象。果实在室温下可存放10～12 天。冷藏 120 天后,硬果完好率达 87.2%,维生素 C 保存率 81.5%。

植株生长势较强,萌芽率 51.7%～67.8%,成蔓率 87.1%～100%。以短果蔓和短缩果蔓结果为主。果实多着生在结果蔓的1～5 节。结果早,较丰产。4 年生树每 667 平方米产果 500 千克。

该品种是一个商品性状好,成熟特早的较耐贮藏优良品种,适宜在城市附近适当多发展,以占领早期猕猴桃市场。

④丰悦　由湖南省农业科学院园艺研究所选出。平均单果重

83.0~92.5 克,最大果重 127.8 克。椭圆形,果皮绿褐色,果肉黄绿色或金黄色,肉质细,汁液多,酸甜可口,品质上等。含可溶性固形物 13.5%~15.8%,最高达 19%,维生素 C 83.8~162.6 毫克/100 克鲜果肉。果实 9 月中旬成熟,常温下存放 15 天,可冷藏 4 个月以上。早果性和丰产性特强。定植当年就有部分植株开花结果,翌年普遍结果。

该品种为早果、丰产、质优的早熟品种,可以适量发展。

⑤金阳 由湖北省农业科学院果树茶叶研究所选出。平均单果重 85 克,最大果重 155 克。圆柱形,果面光滑,外形美观。果皮棕绿色,果肉黄色,质地细嫩,酸甜适口,香气浓郁,品质上等。含可溶性固形物 15.5%,有机酸 1.2%,维生素 C 93.6 毫克/100 克鲜果肉。果实 9 月上旬成熟。

金阳生长势强,枝条粗壮,以中、长果蔓结果为主,果蔓连续结果能力强。早果性、丰产性和稳产性均好,惟耐瘠薄能力较弱。

该品种是一个果实外形美观,品质优良,早果、丰产稳产的早熟品种。可以适量发展。

⑥金霞 由中国科学院武汉植物园选出。平均单果重 78 克,最大果重 134 克。长卵形,果面灰褐色,果顶部密被灰色短茸毛,果顶微凸,果蒂部平,果心小。果肉淡黄色,汁液多,味香甜,品质上等。含可溶性固形物 15%,总糖 7.4%,有机酸 0.95%,维生素 C 90~100 毫克/100 克鲜果肉。9 月中下旬成熟,较耐贮藏。

金霞早果、丰产、稳产、质优,鲜食加工兼用,可适量发展。

⑦金丰 由江西省农业科学院园艺研究所选出。果个大,平均单果重 94.6 克,最大果重 163 克。椭圆形,果形端正,整齐一致。果皮黄褐色或绿褐色,果心较小。果肉黄色,质地细嫩,汁液极多,甜酸适口,微有清香,适合欧洲人口味。含可溶性固形物 10.5%~15%,总糖 10.64%,柠檬酸 1.06~1.65%,维生素 C 50.6~89.5 毫克/100 克鲜果肉。果实 9 月下旬至 10 月上旬成

熟,较耐贮藏。在室温下可存放 30 天左右;冷藏 120 天后,硬果完好率达 98.8%。鲜果出库后,在 24℃条件下还可放 14 天以上。金丰除生食外,还适宜加工。制片装罐原料利用率达 75.8%,贮存 2 年果肉无褐变,不沉淀。制果汁原料利润率 78%。

金丰植株生长势强,抗逆性强,萌芽率中等,成蔓率高,结果蔓率也高,以中长果蔓结果为主,果蔓连续结果能力强,果实着生在结果蔓的 1～8 节。结果早,栽后 2～3 年始果。丰产稳产,3～4 年生树 667 平方米产果 650～1 200 千克,5～6 年生树 1 300～1 600 千克。

金丰果实大,结果早,丰产稳产,汁液极多,较耐贮藏,是加工与鲜食兼用的好中熟品种。可以适当多发展,试销欧洲国家和加工果汁。

⑧素香 由江西省农业科学院园艺研究所选出。果个大,平均单果重 104.2 克,最大果重 180 克。果实长椭圆形,果肉深黄色,肉质细,汁液多,酸甜可口,风味浓,具清香,品质上等。含可溶性固形物 14%～17%,维生素 C 206.5～298.44 毫克/100 克鲜果肉。9 月上中旬成熟,较耐贮存,采后在室温下可存放 15～20 天。

素香树势较强健,丰产性好,以中、短果蔓结果为主,果实多着生在结果蔓的 1～5 节。结果早,丰产性好,定植后第二年即可结果,第三年每 667 平方米产果 350 千克,第五年每 667 平方米产果 1 500～1 800 千克。适应性广,抗逆性较强。

该品种果个大,整齐美观,维生素含量高,商品果率高,品质上等。是结果早、丰产稳产、抗逆性较强、较耐贮藏的中熟品种,可以适当发展。

⑨通山 5 号 由中国科学院武汉植物研究所、华中农业大学、通山县林特局联合选出。平均单果重 90.3 克,最大果重 137.5 克。果实长圆柱形,果面光滑,果顶凹入,果皮灰褐色,阳面呈紫褐色。果肉绿黄色,质地细软,汁液多,风味佳,具芳香,酸甜适度,品

质上等。含可溶性固形物 15％，总糖 10.16％，有机酸 1.16％，维生素 C 80 毫克/100 克鲜果肉。果实 9 月中下旬成熟。

树势中庸，枝蔓萌芽率 54％，结果蔓 65％。结果蔓多着生在结果母蔓的 2～6 节。早果丰产，3 年生树每 667 平方米产果 500 千克以上。

该品种具有抗旱性、抗病虫能力强、适应性广、结果早、果实大且整齐、外观美、丰产稳产、较耐贮藏等优良经济性状。在全国 20 个多个省、自治区多点种植，各地都反映较好，可以适当多发展。

⑩魁蜜　由江西省农业科学院园艺研究所选出。平均单果重 92.2～106.2 克，最大果重量达 183.3 克。扁圆形，果皮黄褐或棕褐色。果肉黄色或黄绿色，质细汁多，酸甜适口，具清香，品质上等。含可溶性固形物 12.4％～16.7％，总糖 6.03％～12.08％，有机酸 0.77％～1.49％，维生 C 93.7～147.6 毫克/100 克鲜果肉。9 月底至 10 月上旬成熟。在室温条件下可存放 12～15 天。冷藏 120 天以后，硬果完好率为 92.4％，维生素 C 保存率 92.7％。

魁蜜树势中等，蔓条萌芽率 40.4％～65.4％，成蔓率 82％～100％，结果蔓率 53％～97.1％，以短果蔓和短缩状果蔓结果为主。果蔓连续结果能力强，结果部位在结果蔓的 1～8 节，多数在 1～4 节，坐果率 90％左右，结果早，丰产稳产。栽后 2～3 年结果，3～4 年生树每 667 平方米产量 650～1200 千克。

该品种果个大、风味佳、结果早、产量高、稳产性强，是较耐贮藏的鲜食中熟品种，可以适量发展。

(3)绿肉品种

①翠玉　由湖南省农业科学院园艺研究所选出。平均单果重 90 克，最大果重 129 克。圆锥形，果喙突起，果皮绿褐色，果面光滑无毛；果肉绿色，肉质致密，肉细汁多，风味浓甜，品质上等，含可溶性固形物 14.5％～19.5％，维生素 C 93～143 毫克/100 克鲜果肉。果实 10 月上旬成熟，极耐贮藏，常温下可贮藏 30 天左右。低

温冷藏可贮藏 5 个月以上。

翠玉生长势强,新梢生长量大,年生长量 3～8 米。萌芽率 79.8％,结果蔓率 95％,结果早,丰产性好。苗木栽植后第二年普遍结果,盛果期单产可达 22.5 吨/公顷。

翠玉早果、丰产、品质好,耐贮藏,还有一个突出的优点是不需完全软熟便可食用。据测定,其果实硬度在 5 千克/平方厘米左右就可食用,风味浓甜,无涩味。这样的品种可以大力发展。

②秋魁 由浙江省农业科学院园艺研究所选出。果实个头大,平均单果重 111 克,最大果重 195.2 克。短圆柱形,果形端正,整齐一致。果肉黄绿色,质细汁多,酸甜可口,微具清香,品质优良。含可溶性固形物 11％～15％,总糖 7.12％～10％,有机酸 0.9％～1.1％,维生素 C 100～150 毫克/100 克鲜果肉。9 月下旬至 10 月中旬成熟。在室温下可存放 15～20 天,冷藏 120 天后硬果完好率达 90％,维生素 C 保存率 75％。

秋魁生长势中等,树冠紧凑,栽植后 3 年始果。丰产性好,3 年生树平均株产 5.76 千克。适应性强,无论山地、丘陵和平原皆可种植。

秋魁为果实大,果形端正,风味浓,耐贮藏,丰产性与适应性强,是以生食为主的中晚熟品种,可以大力发展。

③翠丰 由浙江省农业科学院园艺研究所选出。平均单果重 70 克,最大果重 100 克。长圆柱形,果形端正,整齐一致,果心小。果肉绿色,质地细,汁液多,风味浓,酸甜可口,品质上等。含可溶性固性物 12.5％～15.5％,总糖 7.79％～10.1％,有机酸 0.99％～1.2％,维生素 C 166.7～222 毫克/100 克鲜果肉。9 月中下旬至 10 月上旬成熟。耐贮存,在室温下可存放 20～30 天,冷藏 150 天后,硬果完好率达 95％,维生素 C 保存率 80.5％。

翠丰树势强健,成蔓率 53％,结果蔓占 76％,长、中、短三种结果蔓的比例为 6：5：11。果实着生在结果蔓的第一至第十节。

结果早,1年生嫁接苗定植第二年开始结果。坐果率高达90％以上,很丰产。第三年平均株产5千克,最高达8.9千克。

该品种果形端正美观,品质优等。维生素C含量高,树势强健,早果丰产,鲜食加工兼用,是很耐贮藏的软毛猕猴桃中晚熟品种,可以适当多发展。

④武植3号 由中国科学院武汉植物研究所选出。平均单果重85克,最大果重156克。椭圆形,果皮暗绿色。果肉绿色,质细、汁多,酸甜适中,味浓芳香,品质上等。含可溶性固形物12％～15％,总糖6.4％,有机酸0.9％,维生素C 250～300毫克/100克鲜果肉。9月底10月上旬成熟。采后在室温条件下可存放20天左右。

武植3号是一个四倍体品种,树势强健,生长旺盛;树冠形成快,结果早,坐果率高;连续结果能力强,抗逆性,适应性广。

该品种属生长势强、早果丰产、维生素C含量高、品质上等的中熟品种,现已大面积推广,深受栽培者欢迎。

⑤华丰 由华中农业大学实生选育。平均单果重85克左右,最大果重130克。长圆柱形,外观美丽,果面底色浅绿色,表面光滑,被黄褐色茸毛。果肉黄绿色,肉质细,汁液多,酸甜适口,香气较浓,品质上等。含可溶性固形物14％,维生素C 107.7毫克/100鲜果肉。9月中下旬成熟。采收后可在常温下存放20多天。

幼树生长旺盛,成年树树势健壮,结果早,栽后第二年结果,丰产稳产。6～9年生树,每667平方米产量2 765～3 555千克。萌芽率高,成蔓率95％以上,以中短果蔓结果为主,结果蔓主要着生在结果母蔓的第三至第九节,果实主要着生在结果蔓的第一至第四节。坐果率高达96％以上。

抗旱、抗病虫能力都较强。在武汉伏秋高温干旱条件下,果实很少发生日灼,也很少有病虫害。该品种早果,丰产稳产,优质,抗逆性强,可适量发展。

5. 中华软毛猕猴桃有哪些优良的雄性品种？各品种来源和性状怎样？

(1)磨山 4 号 由中国农业科学院武汉植物研究所选出。树冠紧凑,萌芽力和成蔓力均强,以短花蔓开花为主;花量大,花粉多,每个花序有 5～8 朵花,每朵花有 300 万粒花粉,花期长达 20 多天。它能与所有的软毛猕猴桃品种的花期相遇,而且用它的花粉授粉,能使受粉品种所结果实增大,色泽鲜艳,维生素 C 的含量提高。是目前国内选出的最好的中华猕猴桃雄性品种之一。

(2)郑雄 1 号 由中国农业科学院郑州果树研究所选出。树势较强,以中、长花蔓开花为主,每花序开花 3～6 朵,花粉量大,花期 10～14 天,可作为开花期早和中等的中华猕猴桃的授粉树。郑雄 1 号还具有耐碱性。

(3)厦亚 18 号 由福建省亚热带植物研究所选出。该品种花量大,花粉量大,开花期长达 20 余天,可作为所有软毛雌性品种的授粉树。

(4)岳-3 由湖南省园艺研究所选出。植株生长势中庸,萌芽率为 44%～67%,花蔓率 90.7%～100%。平均每条着花母蔓有 6.8～9 个花蔓,每花蔓有 17～22 朵花。花粉量大,每朵花约有 170 万粒花粉。在湖南岳阳市花期为 4 月下旬至 5 月上旬,可作为同期开花的软毛和硬毛猕猴桃的授粉树。

6. 中华硬毛猕猴桃有哪些优良的雌性品种？各品种来源、性状及对其评价怎样？

(1)红肉品种

红美为红肉品种,由四川自然资源研究所选出。平均单果重 73 克,最大果重 100 克,圆柱形,果顶微凸,果整齐,果皮黄褐色,密被黄棕色硬毛。果肉种子外侧红色,横切面红色呈放射性,肉质细嫩,甜酸适度,微具清香,风味独特,容易剥皮,品质优良。含可溶性固形物19.4%,总糖12.9%,总酸1.37%,维生素C 115.2毫克/100克鲜果肉,10月上旬成熟,耐贮藏。

红美树势强健,新梢长达6米,成蔓力强(70%),以中、短果蔓结果为主;早果性强,栽后第二年少量植株结果,第三年全部结果。抗病虫力强,对旱、涝、风的抵抗力较弱。

红美是硬毛猕猴桃中罕见的红肉时髦品种,应大力推广。

(2)绿肉品种

①沪美1号 由上海市园林科学研究所选出。平均单果重103克,最大果重183克,长圆柱形,果个均匀整齐,果形美观,果肉翠绿色,质细汁多,酸甜适口,品质上等。果心小,含籽少,易剥皮,含可溶性固形物15%～16%,总糖6.83%,有机酸1.03%,维生素C 90.7毫克/100克鲜果肉。11月下旬成熟,采后在室温条件下可存放40～45天,冷藏可达5～6个月。而且在江西奉新县可以挂树贮贮,果实可挂树至12月底或翌年1元月上旬采收。落叶后果挂在树上下雪也不受冻。

该品种生长势比金魁还强,早果、丰产、稳产。1年生嫁接苗栽后第二年有10%～20%树株结果;第三年100%开花结果,株产10～20千克,第四年进入盛果期,平均株产30千克以上;第五年最高株产80千克。果实分布均匀、适中,无须疏花疏果。

该品种适应性广,抗性强,在海拔10～800米的平原、丘陵、山区均都可栽培。耐肥抗瘠,抗高温、抗干旱、抗日灼、抗病虫能力均强。

综观上述性状,沪美1号应是发展中华硬毛猕猴桃的首选品种。

②金魁 由湖北省果树茶叶研究所实生选种选出。果实大,平均单果重87克,最大果重172克。圆柱形,果面有棱,果皮黄褐色,果心较小。果肉翠绿色,质地细,汁液多,风味浓,具清香,酸甜

可口,品质极上。含可溶性固性物 18.5%～21.5%,最高达 25%,总糖 13.24%,有机酸 1.64%,维生素 C 120～243 毫克/100 克鲜果肉。10 月下旬至 11 月上旬成熟,贮藏性能好,室温下可存放 40 天。

金魁树势强壮,萌芽率 32%,成蔓率 88%;以长果蔓结果为主,结果蔓着生在结果母蔓的第二至第五节;多以单果着生,疏花疏果量轻。结果早,丰产稳产,湖北江汉平原 3 年生树每 667 平方米产量达 1 900 千克。适应性强,高山、丘陵、平原均可种植。

金魁是目前硬毛猕猴桃品种中品质最好的晚熟品种,曾两次在农业部举办的全国猕猴桃品种鉴评会上获得总分第一名,并获"希望之光"奖。贮藏性可与海沃德媲美。其缺点是果面有棱,不甚美观。据报道,用兴山 16 号、宣恩 78-5 或兴山 10 号授粉,棱果率可以降低。配合此项技术后,金魁可以大面积发展。

③哑特 由陕西省周至县猕猴桃试验站选出。平均单果重 87 克,最大果重 127 克,果个整齐,很少有小果。果实短圆柱形,果皮褐色,密被棕褐色糙毛;果肉翠绿色,果心小,肉质细,汁液多,郁香浓甜,品质极上。含可溶性固形物 15%～18%,维生素 C 150～290 毫克/100 克鲜果肉。11 月上中旬成熟。耐贮藏,采后在室温条件下可存放 1～2 个月,土法贮藏可贮藏 3～4 个月,用气调库可贮藏 6 个月以上。货架期 20 天左右。

哑特生长健壮,树势很强,以中、长果蔓结果为主。结果蔓着生在结果母蔓的 5～11 节。进入结果期比秦美晚,产量中等,5 年生树平均株产 22 千克。

哑特是一个品质非常好的晚熟品种,深受消费者欢迎。凡是吃过哑特果实的人,下次还想买哑特。哑特抗逆性也强,耐旱、耐高温、耐瘠薄、耐北方干燥气候,可以在北方大面积发展。

④实美 由中国农业科学院广西植物研究所选出。平均单果重 100 克,最大果重 170 克,短圆柱形,大小整齐,果皮绿褐色。果

肉绿色,细腻多汁,香味浓郁,风味很好,品质上等。含可溶性固形物 15%,总糖 9.47%,有机酸 0.73%,维生素 C 138 毫克/100 克鲜果肉。10 月上中旬成熟。在常温下可贮藏 2 周,在 0℃～3℃低温下可贮藏 4～6 个月。

实美结果早,栽后第二年始果,第三年全部结果。丰产性好,4 年生树株产 20 千克。该品早果、丰产、个大、质优、耐藏,可大力推广。

⑤金香 由陕西眉县园艺站、陕西果树研究所和陕西海洋果业食品有限公司联合选出。平均单果重 90 克,椭圆形,果面被金黄色硬毛,果实整齐美观,风味浓郁,清香可口,品质上等。含可溶性固形物 17.3%,总糖 12.3%,维生素 C 114.4 毫克/100 克鲜果肉。9 月中旬成熟,耐贮藏,货架期长。常温下可贮藏 30 天以上,在冷藏条件下可贮藏 5 个月。

金香树体强健,生长旺盛,1 年生蔓萌芽率 71.3%～77.2%,成蔓率 85.6%～91.4%,结果蔓率 89.2%～92.3%。以中长果蔓结果为主,果实着生在结果蔓的 3～8 节。

该品种早果丰产,抗逆性强,抗日灼,抗黄化,中熟耐藏,可适量发展。

⑥香绿 由日本香川县农业大学选育,1992 年江苏海门市三和猕猴桃服务中心引进我国。平均单果重 85.5 克,最大果重 171.5 克。近圆柱形,底部稍大,果形整齐。果皮红褐色,密被短硬毛。果肉翠绿色,汁液多,口感好,香甜味浓,品质上等。含可溶性固性物 17.5%,维生素 C 250 毫克/100 克鲜果肉。11 月上中旬采收。耐贮藏,在常温下可存放 45 天,货架期 25～30 天。

树势强健,萌芽力和成蔓力强,容易形成花芽,长、中、短以及徒长蔓均能结果。果实着生在结果蔓的第二至第六节,早果、丰产、稳产。适应性强,无论在山区、丘陵或平原均可栽植。抗风性强,抗病虫能力较强,较抗根结线虫、叶斑病、果腐病等。

香绿是一个树体综合性能好，果实商品性好的晚熟品种。可以大面积发展。

⑦海沃德　新西兰人 1904 年从我国湖北省宜昌引进的硬毛猕猴桃种子进行实生选种选出。平均单果重 74 克，最大果重 150 克。长椭圆形，果形端正美观，果皮黄褐色。果心小，果肉绿色，肉质致密，汁液较多，甜酸适中，口味稍淡，但具浓香，品质中上。含可溶性固性物 12%～17%，维生素 C 50～80 毫克/100 克鲜果肉。11 月中下旬成熟，耐贮藏，货架期长。

海沃德树势中等，以长结果蔓结果为主，结果蔓多着生在结果母蔓的 5～14 节，大多在 7～9 节。早果性、丰产性、耐旱性均较差。

由于海沃德耐贮藏，货架期长，已成为世界上竞相发展猕猴桃的国家的主栽品种。新西兰海沃德栽培面积占该国猕猴桃总面积的 95% 以上。

⑧米良 1 号　由湖南吉首大学生物系选育。平均单果重 95 克，最大果重 128 克。长圆柱形，美观整齐，果皮棕褐色，被长硬毛。果顶呈乳头状突起。果肉黄绿色，质细汁多，酸甜适度，风味纯正，具清香味，品质上等。含可溶性固形物 15%，总糖 7.4%，有机酸 1.25%，维生素 C 217 毫克/100 克鲜果肉。10 月上旬成熟，较耐贮存，在室温下可存放 20～30 天。

米良 1 号树势强健，以中长果蔓结果为主，结果蔓着生在结果母蔓的 5～7 节。花芽容易形成，进入结果期早，丰产稳产。栽后第二年每 667 平方米产果 150～250 千克，第五年每 667 平方米可产果 1 600 千克。

米良 1 号抗旱、抗病虫性均强，在相同条件下，由于长期干旱，其他品种出现了果实灼伤、落果，而它却很少灼果、落果，病虫害也很少。该品种适应性很强，不仅适于温润南方气候和酸性的土壤，而且在北方 pH 值较高的土壤上也生长良好。

米良 1 号是一个果形美观,品质上等,树势强健,适应性强,结果早,丰产稳产,较耐贮藏的中熟品种,在南北方均可适量发展。

⑨皖翠　由安徽农业大学园艺系选出。系海沃德的芽变品系,和海沃德相比,花期早 3～5 天,始果期早 1～2 年,提高了坐果率和丰产性;果实由椭圆形变成了圆柱形,但贮藏性能力有所下降。平均单果重 110～125 克,维生素 C 80～135 毫克/100 克鲜果肉。货架期 20 天左右。可适量发展。

⑩华美 2 号　由河南西峡县林业科学研究所选出。平均重 124 克,最大果重 205 克。果实长圆柱形,果皮黄褐色,果肉黄绿色,果心小,质细,汁多,芳香,风味稍淡,品质中上。含可溶性固形物 14.6%,含维生素 C 152 毫克/100 克鲜果肉。果实 9 月中下旬成熟,耐贮藏,果实在常温下放 30 天不发软。

树势强健,蔓条粗壮,叶大质厚。以中、长果蔓结果为主,果实着生在结果蔓的 1～3 节。早果性好,栽后第二年结果,抗旱抗病。该品种是果大果美、树体抗性强的中熟品种,可以适量发展。

⑪徐香　由江苏省徐州市果园场选出。平均单果重 75～110 克,最大果重 137 克。圆柱形,果皮黄绿色,被黄褐色硬茸毛。果肉绿色,肉质细致,浓香多汁,酸甜可口,品质上等。含可溶性固形物 13.3%～19.8%,总糖 12.1%,总酸 1.34%,维生素 C 99.4～123 毫克/100 鲜果肉。10 月上中旬成熟,室温下可贮存 30 天左右。

树势中等,幼树以长、中果蔓结果为主。盛果期以后,以短蔓和短缩蔓结果为主,坐果率高,丰产稳产。适应性强,在碱性土壤条件下,叶片黄化和叶缘焦枯现象较少。

该品种是一个果形美、品质好、适应性强、丰产稳产的中晚熟品种。但因其不耐贮存,在城市附近可以适量发展。

⑫徐冠　由江苏徐州市果园场从海沃德实生树中选出。平均单果重 102 克,最大果重 180.5 克,长圆柱形。果皮黄褐色,果肉

绿色,质细汁多,酸甜可口,有香气,品质上等。含可溶性固形物
12%~15%,有机酸1.24%,维生素C 107~120毫克/100克鲜果
肉。成熟期比海沃德早,9月底至10月中旬成熟,耐贮存。常温
下可存放32天。树势强健,以长果蔓结果为主,丰产性超过海沃
德。

徐冠是果实大,品质好,丰产性强,耐贮存的中晚熟品,可以适
当多发展。

⑬中猕1号　由中国农业科学院郑州果树研究所选出。平均
单果重83~95克,最大137.8。椭圆形,果皮褐色。果肉绿色,
质细汁多,酸甜可口,浓郁清香,品质上等。含可溶性固形物
16.1%,维生素C 74.07毫克/100克鲜果肉,果实10月下旬成
熟。该品种果个大,成熟晚,品质优,可适量发展。

⑭川猕1号　由四川省苍溪县选出。平均单果重75.9克,最
大果重118克。椭圆形,果形整齐。果皮浅棕色,果肉翠绿色,质
细汁多,酸甜味浓,有清香,品质上等。含可溶性固形物14.2%,
有机酸1.37%,含维生素C 124毫克/100克鲜果肉。9月下旬成
熟,在常温下可贮存15~20天。

树势强健,结果蔓着生在结果母蔓的第五至第十节,果实着生
在结果蔓的第一至第七节。进入结果期早,头年栽植第二年结果。
极丰产,5年生树在一般管理条件下每667平方米产量可达2 200
千克。

该品种是一个树势强、适应性强、早果丰产的优良中熟品种,
可以适量发展。

⑮川猕2号　由四川省苍溪县农业局选出。果实短圆柱形,
果皮褐色,被长硬毛,不易脱落,平均单果重95克,最大果重183
克。果肉翠绿色,质细汁多,味甜微香,品质优良。含可溶性固形
物16.9%,有机酸1.33%,维生素C 87毫克/100克鲜果肉。果
实10月上旬成熟。在常温下存放15~20天。

该品种树势强，结果早，3年生树结果，5年生树丰产。适应性强，果实大，品质优，可适量发展。

⑯三峡1号　由湖北省兴山县成人中等专业学校选出。平均单果重112克，最大果重154克，圆柱形，整齐美观。果皮褐绿色，被硬短茸毛。果肉翠绿色，质地细，汁液多，酸甜可口，香气浓郁，风味很好，品质上等。含可溶性固形物15%～18.4%，总糖7.2%，有机酸1.15%，维生素C108.8毫克/100克鲜果肉。9月下旬至10月上旬成熟，不耐贮藏。

树势强壮，以中短果蔓结果为主，结果蔓着生在结果母蔓的第二至第十二节。进入结果期早，丰产稳产，栽后第二年部分植株结果，第三年全部结果。适应性强，但以海拔500～1300米的地种植最适宜。

三峡1号是一个果个大、果形美、品质优、但不耐贮藏的中熟品种，在种植最适地区的城市附近可少量发展。

⑰秦美　由陕西省农业科学院果树研究所和周至县猕猴桃试验站联合选出。平均单果重106.5克，最大果重204克。椭圆形，果皮绿褐色。果肉绿色，质地细，汁液多，酸甜可口，有香气，品质中上。含可溶性固形物10.2%～17%，总糖11.8%，有机酸1.6%，维生素C190～350毫克/100克鲜果肉，含有17种氨基酸。10月上中旬成熟，耐贮性好，在室温下存放30天只有个别果实软化，放冷库中可贮藏6个月。

秦美树势强健，抗风、抗旱、抗寒，萌芽率60%～70%，成蔓率29%。以中、长结果蔓结果为主，结果蔓着生在结果母蔓的第五至第十四节，大多数在第七至第九节。结果早，产量高，栽植后第二年结果。栽后第三年株产最高可达50千克。

秦美在陕西已发展1万公顷。其果品已占据了国内猕猴桃市场，但由于其商品形状不算最佳，果形和货架期不如海沃德，目前陕西省部分秦美猕猴桃园已开始调整品种结构，高接换成海沃德或哑特。

7. 中华硬毛猕猴桃有哪些优良的雄性品种(系)？各品种来源、性状怎样？

(1)**马图阿**(Matua)　新西兰品种。花期较早,花期长达15~20天,花粉量大,适宜作开花期较早和中等的雌性硬毛猕猴桃品种的授粉品种。

(2)**图马里**(Tomury)　新西兰品种。开花期较晚,花期15~20天,花粉量大,适宜作海沃德、哑特、秦美等晚花硬毛雌性猕猴桃品种的授粉品种。

(3)**帮增1号**　花期15天左右,花粉量大,适宜作米良1号的授粉品种。

三、苗木培育

培育生长健壮、品质优良的纯种苗木是提高中华猕猴桃商品性的前提技术，包括实生苗、扦插苗、嫁接苗和组织培养苗的培育。

1. 现代化猕猴桃苗圃有哪些设施？

现代化的苗圃有苗圃地、实验室、消毒室、接种室、组织培养室、嫁接室、气象因子可控温室、防虫网室、工具房、仓库、工人休息室、办公室，以及水、电、道路和防风林网等。

2. 怎样选择苗圃地？苗圃地的规划包括哪些内容？

宜选水源充足、水无污染、土地平坦、能灌能排、土层深厚、土壤肥沃、土质轻松、pH 值适宜(5.5～6.5)、交通方便的地方作为中华猕猴桃的苗圃地。

苗圃地规划包括道路系统、轮作小区、灌排渠系、防风林以及建筑用地规划。

3. 中华猕猴桃的繁殖方式有哪些？

中华猕猴桃有以下 6 种繁殖方式：实生(种子)繁殖、嫁接繁殖、扦插繁殖、压条繁殖、分蘖繁殖和组织培养繁殖。嫁接繁殖又分枝接、芽接。枝接还可分劈接、切接和腹接。芽接分 T 字形芽接和嵌接。扦插繁殖又分硬枝扦插、绿枝扦插。压条繁殖分地下压条和空中压条。

4. 中华猕猴桃种子繁殖的苗(实生苗)能提高其商品性吗?

要看实生苗具体作什么用。用实生苗作栽培用的做法不可取,因其遗传变异性大,所结的果实多种多样,品质良莠不齐。但育种单位常采用实生苗栽培,从中选出优良单株,培育优良品种。从这个角度说,它可提高其商品性。实生苗一般作砧木用,砧木的壮弱直接影响嫁接苗的质量。1 年生实生苗茎秆粗壮,根系发达,有利于培养优质嫁接苗。我国基本上是采用嫁接苗建园的,对路品种优质嫁接苗是结好商品果的前提。

5. 培育实生苗的种子如何采集? 如何取种?

"好种出好苗"。作砧木用时,应选择生长势强、无病虫危害的硬毛猕猴桃结果树,待其果实充分成熟后采收。采收后放在室内摊放,让其软化,然后脱皮。如果果实数量少,脱皮的果实可装于纱布袋内,在水中搓洗,将果肉挤出;如果果实量大,装在桶或缸里用手(要带长胶手套)捏烂,再多次加水漂洗,逐次漂洗,直到只剩饱满种子,将其放在室内晾干,装入布袋,在 0℃~5℃下保存待用。

6. 中华猕猴桃种子是否需要层积? 怎样层积? 层积多长时间?

如果春季播种,需要层积。层积又叫沙藏。由于中华猕猴桃种子有个自然休眠期,播种前需用湿沙层积处理打破其休眠才能发芽。

层积的方法与步骤:一是将种子用清水浸泡一昼夜后,用 1%的高锰酸钾水溶液浸泡 30~40 分钟消毒。二是用干净的大粒河沙加清水拌湿,湿度以手捏能成团、一抖即散为度。三是将种子与相当其体积 20 倍的湿沙混合拌匀,放入通气漏水、底层放有 3 厘米左右湿沙的容器（如木箱、编制筐或编织袋）中。四是在混种沙上再铺厚 4 厘米左右的湿沙保湿。五是在沙子表面撒上防鼠、防虫药饵。在 5℃左右条件下层积 40～60 天。层积天数与发芽率的关系见表 9。

表 9　中华猕猴桃种子层积天数与发芽率的关系

（洛阳地区果品公司、洛阳林校 1979）

沙藏天数	供试粒数	开始发芽天数	发芽总粒数	发芽率(%)
10	400	10	171	42.8
20	400	9	238	59.5
30	400	8	267	66.7
40	400	7	313	78.3
50	300	8	212	70.9
60	400	9	289	72.3
70	400	8	274	68.5
80	400	10	113	37.6
90	400	13	77	19.3
对　照	400	20	111	27.8

在层积的过程中，每半个月翻动 1 次，使沙干湿均匀，若整体太干，需加水拌成原来的湿度。如有鼠害，及时施药饵。

如果秋季或冬季播种，不需层积，取种后混 5～10 倍的沙子，直接播种于苗床，种子在苗床越冬，也起了层积作用。

7. 层积过的中华猕猴桃种子播种前还要不要催芽？

如层积过的种子没有萌芽，为了出苗整齐，播前最好催芽，连沙带种子放在温室或塑料大棚内催芽，待露胚根种子占 5% 左右时连沙一起播种。

8. 如何准备播种中华猕猴桃的苗床？

在播前 40 天左右做好播种苗床。苗床规格以宽 1 米、长 20 米为宜,北方春季干旱,降水量小,做畦有利于灌水;南方多雨,做垄有利于排水。床土以砂壤土 5∶腐熟有机肥 2∶草炭 1∶蛭石 2 的配比混合均匀。过筛铺床,厚 40 厘米,床表面平整如镜,再喷对硫磷 2 000～3 000 倍液,或甲基硫菌灵 1 000 倍液,或喷 50% 菌虫统杀可湿性粉剂 500～600 倍液后,用塑料薄膜闷闭 10～20 天,杀死床土中的害虫和病菌,然后揭膜晾晒 10 天左右。

9. 中华猕猴桃怎样播种？

经过层积或层积并催过芽的种子,当日平均温度达到 11℃～12℃时即可播种。播前将播种苗床灌透底水,待床土晾至不粘锄时播种。播种方式采用撒播、条播均可。条播时,在床面按行距 10 厘米,用勾锄弓背划 0.2～0.3 厘米的沟痕,将层积种、沙播于沟痕内,然后覆沙至平。撒播时,沙、种均匀撒在床面,再覆 0.2～0.3 厘米厚的沙子。播后,喷代森锰锌 4 000～5 000 倍液,然后覆盖草帘、草席或稻草,最后盖上塑料薄膜保湿,并搭棚遮荫。

10. 中华猕猴桃的苗床幼苗如何管理？

猕猴桃幼苗细弱,比较娇气,怕旱、怕涝、怕风、怕强光,而且生长很慢,需要特别细心管理。幼苗出土前,就要搭好遮荫棚,开始遮荫度为 70%～75%。一般播种后 1～2 周可以出齐。苗出齐后要及时揭除覆盖物,防止幼苗徒长。同时还要加一层小弓棚增温保湿,并且要经常喷水,保持地面潮湿。当幼苗有 2～3 片真叶时,结合喷水可加 0.1%～0.2% 尿素和磷酸二氢钾。此外,要保持苗床无杂草。

11. 播种苗床的幼苗何时移植？怎样移植才能保成活率？

当幼苗长出 3～5 片真叶时移植。宜在早晚或阴天、小雨天移植。移植时要去除弱小、病虫苗。苗床撒播的苗全部移。将挖起的幼苗按 1 宽 4 窄形式栽植，有利于以后嫁接。宽行行距 40 厘米，窄行行距 15 厘米，株距均为 8 厘米。边起边栽，栽后及时浇水和搭盖荫棚。移植后每天要喷水保湿，保持地面不干，直至幼苗长出新叶才能减少喷水的次数。由此可见，遮荫保湿是保成活的关键。但也不能喷水过多，否则将使土壤积水造成烂根。

12. 移栽成活后的实生苗如何管理？

实生苗一般作砧木用。如果作高接砧木，在其旁插 1 根长约 2.2 米的竹竿，让其生长至 1.8 米左右摘心，中途有打扭卷曲者，齐扭卷处剪梢，以保主蔓通直。如果作低接砧，其旁插 1 根 1 米左右的竹竿或每行两头栽木桩拉铅丝扶苗，待苗高 40 厘米左右时摘心，促其加粗生长，以便当年秋季嫁接。

实生苗离地面 10 厘米处、直径达 0.8 厘米时便可嫁接。为了幼苗苗壮成长，当年能达到嫁接的粗度，还需要加强施肥灌水、中耕、除草和病虫防治等综合管理。在宽行沟施 2～3 次尿素，每 667 平方米每次施 10～12 千克，施后及时灌水。叶面喷 3～4 次 0.2%尿素和磷酸二氢钾。干旱时应适时灌水。每半个月喷 1 次 75%敌克松 800 倍液或 75%百菌清 600～1 000 倍液，或多菌灵 800～1 000 倍液、或 70%甲基硫菌灵可湿性粉剂 1 000 倍液连喷 3 次，防治病害。

13. 何谓砧木？哪些植物可以作中华猕猴桃的砧木？

所谓砧木，就是嫁接时带有根系，承受接枝、接芽的部分。目前对中华猕猴桃砧木的研究还不多,中华软毛和硬毛猕猴桃、毛花猕猴桃、葛枣猕猴桃、异色猕猴桃均可。据实践经验,中华硬毛猕猴桃的生长势强,多采用中华硬毛猕猴桃作砧木。

14. 何谓接穗?如何准备中华猕猴桃的接穗?

被嫁接在砧木上的枝或芽叫接穗。采集优良品种的接穗对提高商品性栽培至关重要。作为枝接的接穗于冬季结合修剪分品种收集,剪成 50～60 厘米的枝段,每 50 支作一捆,拴好塑料标签,标签上写上品种名称,然后放在冷库或地下室用微湿干净河沙贮藏。如数量少时,可用塑料膜包装放在冰箱或冰柜里非冰冻格,不必包得太严,要留通气孔。

作为芽接的接穗,于嫁接前分品种在生长健壮的优良品种树上采集成熟的枝蔓,及时剪掉叶子,以免枝蔓失水。每 50 枝作一捆系好标签,装在塑料袋或蛇皮袋或麻袋内,袋内放点湿布或湿卫生纸保湿,芽接接穗应随采随用。

15. 中华猕猴桃嫁接需要准备什么工具和材料?

芽接刀,切接刀,修枝剪,塑料薄膜,接蜡等。

16. 如何制作接蜡?

用 8 份松香和 1 份动物油放在小锅里加温至全部溶化后稍冷却,马上将 3 份酒精和 0.5 份松节油倒入,搅拌均匀即成。用时再加温溶化。或者将 16 份松香溶解在 8 份木醇中,再加 1 份动物油搅拌均匀,用时不需溶化,可以直接涂抹。

17. 中华猕猴桃在什么时候嫁接为好?

中华猕猴桃一年四季均可嫁接,包括伤流期和寒冷的冬季。华中农业大学于伤流期嫁接,成活率达到 100%(表 10),其关键是要迅速将接口用塑料膜条包严捆紧。寒冷的冬季可以在室内嫁接。尽管伤流期可以嫁接,但不宜提倡,因要求操作非常迅速,稍有怠慢,便会有伤流溢出,造成营养损失,也影响成活。一般枝接以伤流之前半个月或伤流停止之后嫁接为宜。芽接以秋季为最好,此时秋高气爽,温度适宜,便于操作,有利于愈合。

表 10　中华猕猴桃伤流期嫁接对成活率的影响

(华中农学院 1982)

嫁接方法	嫁接数	成活数	成活率(%)
低温切接	14	14	100
高温切接	18	18	100
伤流期切接	8	8	100
低位芽片腹接	23	22	96
高位芽片腹接	11	11	100
伤流期芽片腹接	15	15	100

18. 嫁接中华猕猴桃常用的方法有哪些? 各种方法怎样操作?

枝接法常用劈接、切接和单芽枝腹接。芽接法常用嵌芽接和"T"形芽接。

(1)劈接　其技术操作流程是:准备接穗→剪断砧木→劈开砧木→削接穗→插接穗→包扎捆绑。

准备接穗:将冬季贮藏的接穗或当时剪来的接穗剪成有1~2个芽的枝段,上端剪口离芽2~3厘米。因其髓部较大,容易失水而影响成活,需要用接蜡封上口。所以嫁接时要适当多剪一些有1~2个芽的枝段,以便统一封蜡。

剪断砧木:将砧木自嫁接部位剪断,低接的离地面10厘米左右剪断,高接苗离地面1.5米左右剪断,高接换头的据其需要部位剪断。

劈开砧木:用劈接刀将砧木从中垂直劈开,劈口深度3～4厘米,劈口要求平直。

削接穗:如接穗和砧木的粗度一样时,削两面,削成楔形。左手持接穗,右手持刀,向前斜削,削面长3～4厘米;翻过来,在另一面再削一个同样的削面,楔下端越薄越好,削面越平越好。

插接穗:将削好的接穗插入砧木的劈口中,砧、穗两者粗度一致的对准两边的形成层。两者粗度不一致时对准一边形成层。粗大砧木需两边各插接1根接穗,以利于愈合。

包扎捆绑:将砧木横断面和嫁接部位用塑料膜条包严捆紧,整个嫁接过程动作越快越好(图10)。

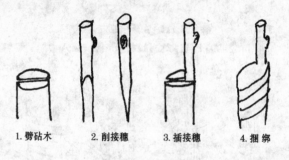

1. 劈砧木　　2. 削接穗　　3. 插接穗　　4. 捆绑

图10　劈接法

(2)切接　接穗的准备和操作流程同劈接。劈砧木和削接穗有所不同。劈砧是在砧木横截面稍带木质部的切线入刀,垂直向下深达3～4厘米;接穗削面,一面长,一面短,其他操作与劈接相同(图11)。

劈接和切接的技术要领可归纳为平、准、严、紧、快五个字,即砧木、接穗要削平,砧穗二者形成层要对准,接口要包严绑紧,整个动作要迅速。

(3)单芽枝腹接 其技术操作流程是:削接穗→削砧木→插接穗→捆绑(图12)。

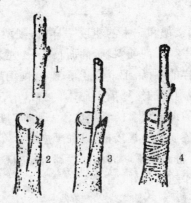

图 11　单芽枝切接

1. 接穗　2. 切砧木　3. 插入接穗　4. 绑缚状

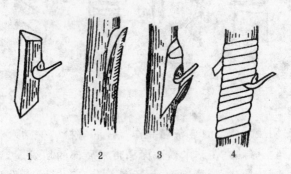

图 12　单芽枝腹接

1. 削接穗　2. 削砧　3. 插穗　4. 捆绑

削接穗:接穗可以是硬蔓,也可以是木质化或半木质化的绿蔓。手持接穗,在芽下方 1.5 厘米处剪断,在芽的对面削长 2.5～

3厘米的长削面,再在芽的下方削一极短削面,最后在芽的上方 2 厘米左右处剪断。

削砧木:在砧木的嫁接高度,如果低接,离地面 5~10 厘米处选光滑部位倾刀稍带木质部削入,倾斜度 15°~20°,削深 3.5 厘米左右。再将削口外部被削皮层削掉半截,以便于插、绑接穗。

插接穗:左手持接穗,将削好的接穗插入砧木削口内,对准一边或两边形成层,用力往下推,推至接穗完全入削口。

捆绑:用塑料膜条捆绑。如果是带叶柄的绿蔓,叶柄要外露,芽可露可不露,一般露芽,以便检查成活与否。

(4)嵌芽接 又称贴皮接,盾形芽接。其操作流程:削芽片→开接口→嵌芽片→捆绑(图 13)。

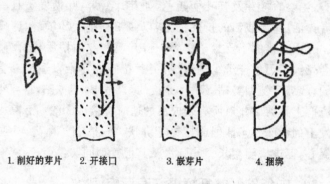

  1. 削好的芽片　　2. 开接口　　　3. 嵌芽片　　　4. 捆绑

图 13　嵌芽接

开接口:同单芽枝腹接。

削芽片:左手持接穗,接芽朝上,右手持刀,从接芽上 1.5 厘米处入刀,斜下削 3 厘米,下部稍入木质部,抽刀,再在被削芽的下部 1.5 厘米处斜切一刀将芽片取下。插接芽和捆绑接芽同单芽枝腹接。

(5)"T"形芽嫁 与嵌芽接不同的是,"T"形芽接限于砧木离皮时使用,砧木开口 T 形,削芽从芽下入刀平削。嫁接时先将砧木横切一刀,再直划一刀,均深达木质部;削芽片从接芽下方1.5～2厘米入刀平削,芽垫处稍带木质,再在被削芽的上方 1.5 厘米处横切一刀,将芽片取下,随即插入砧木接口内。插芽片时,先将砧木切口皮层稍稍挑开,插入芽片尖,再用左手按着芽片往下推,直至芽片完全推入砧木接口内,其他作法与嵌芽接相同。

19. 嫁接苗怎样管理?

①检查成活情况。春季嫁接的在接后 30 天左右检查。如接芽或接枝皮色正常新鲜,伤口愈合,即已成活,否则属没有成活。田间芽接没有成活的要作标记,以便于补接。室内嫁接没有成活的要放在另一边,以便再嫁接。夏、秋季芽嫁接的,接后 15 天左右检查,主要看接芽及其叶柄颜色,如芽片新鲜、叶柄发黄且一触即落者为活,对未成活的折尖标记,以便于补接。②解绑、剪砧和补接。春季枝接的不要急于解绑。待其萌芽并抽梢后再解绑,否则又会死掉。因愈合组织刚形成,突然接触外界难以适应。春季芽接的,解绑后随即剪砧。秋季芽接的,只解绑,不剪砧,待翌年春季伤流前半月剪砧。对所有未成活的适时补接。③除萌。除去砧木上发出的萌蘖。④插棍或拉铅丝绑扶。⑤摘心。苗高 40 厘米左右摘心,促进增粗生长。⑥肥水及其他管理同实生苗。

20. 中华猕猴桃扦插繁殖有何特点?

中华猕猴桃扦插繁殖是一种多、快、好、省的繁殖方法。一般利用硬蔓或半木质化的绿蔓扦插,由插条基部产生不定根形成根系,没有主根,根系分布也浅,苗木没有真正的根颈。但其变异性小,能保持母株的优良性状和特性,进入结果期较早,当年扦插,当年成苗,当年出圃,缩短了育苗年限。和嫁接苗相比,要节省培育实生苗和嫁接的费用。同时一年四季可扦插,繁殖量也大。因此,意大利现已不采用嫁接法,完全采用扦插法繁殖中华猕猴桃,其缺点是根系浅,抗旱性差,树体寿命较短,枝蔓也不易生根,需用生长调节剂处理后才易生根。

21. 有哪些生长调节剂可以促进中华猕猴桃插条生根? 效果怎样?

可以促进中华猕猴桃插条生根的生长调节剂有萘乙酸、吲哚丁酸、吲哚乙酸。根据中国科学院武汉植物研究所试验,用高浓度(5 000 毫克/升)的吲哚丁酸溶液,快速(3~5 秒)浸蘸能使硬枝生根成活率达到 81.8%~91.9%(表 11)。

表 11   生长刺激素快速浸蘸对硬枝扦插的效果

(武汉植物研究所,1981)

项　目		IBA500 毫克/升浸蘸 5 秒钟		备　注
		1980 年	1981 年	
		2 月 29 日	12 月 3 日	1 月 21 日	
扦插条数		22	37	45	1981 年 1 月 21 日扦插的于 3 月 20 日检查,未生根的 6 条,有良好的愈伤组织
生根成活率(%)		81.8	91.9	86.6	
根系生长情况	平均根系条数	22	17	11	
	最多条数/株	49	44	25	
	平均根长(厘米)	1.4	4.9	4.1	

22. 如何进行中华猕猴桃的硬蔓扦插繁殖?

其技术流程是:准备插床→处理插条→扦插→插后管理→扦插苗移植。

(1)准备插床　插床土壤质地宜疏松肥沃,要有良好的通气性和保水保肥性。床宽 1~1.2 米,高 25 厘米左右。扦床做好后用 1%~2%福尔马林溶液或五氯硝基苯 2 000~2 500 倍液进行消毒,以防病虫害的发生。

(2)处理插条 结合冬季修剪,收集优良品种腋芽饱满、健壮的 1 年生枝蔓,用半湿沙藏于冷凉的地方。扦插时取出剪成双芽段,下部紧贴节下平剪或斜剪;上部于节上离芽 2 厘米左右平剪,并及时蜡封,以防插条失水。然后用 3 000 或 5 000 毫克/升的吲哚丁酸溶液浸蘸 5 秒钟或 3 000 毫克/升吲哚丁酸＋100 毫克/升乙烯利浸蘸 5 秒钟。

(3)扦插 将处理过的插条插于插床上,行距 10 厘米,株距 5 厘米,插深以上芽露出地面为度。

(4)插后管理 拱棚遮荫避雨,控制光照和湿度。未抽梢展叶前每 7～10 天浇 1 次透水,抽梢展叶后 2～3 天浇 1 次透水。以后酌情喷水,保持地面不发白。当抽梢超过 3 片叶后摘心,以减少水分消耗,促进生根成活。及时拔除床内杂草。

(5)扦插苗移植 当生根幼苗根系长度达 10 厘米以上时,将其移植于苗圃,行距 30 厘米,株距 20 厘米,移植后前期仍需遮荫。其他管理同苗圃嫁接苗。

也可用营养钵育苗,营养土的配制比例为草炭4∶砂壤土 4∶腐熟有机肥 2。营养钵扦插不需移苗,直至成苗。

23. 如何进行中华猕猴桃的绿蔓扦插繁殖?

绿蔓扦插较硬蔓扦插容易成活。扦插程序、扦插床准备、扦插苗的管理同硬蔓扦插,不同的是绿蔓要随采随处理随插和严格保湿。在阴天或晴天的早晨剪下优良品种半木质化无病虫危害的新梢,将其中段及时剪成 2～3 节一段的插穗。插穗上部 1～2 节的叶剪去 1/2,留 1/2 进行光合作用制造养分和激素,因插穗愈合生根需要养分,而绿枝贮藏养分不足,激素可以促进生根。插穗下部 1 节的叶片剪掉,再用 200 毫克/升的吲哚丁酸溶液浸泡基部 3 小时。然后扦插于插床,插后需经常喷水保持空气相对湿度 90% 左右,以免绿叶萎蔫,采用自动间歇喷雾更为理想。

24. 怎样进行中华猕猴桃组织培养育苗?

组织培养育苗是利用植物部分组织或器官,在人工培养基上使之继续分化、生长而获得完整植株的一种方法。它可保持植物的种性,可进行工厂化育苗。其技术流程是:消毒灭菌→配制培养基→准备无菌水→培养基装瓶消毒→取外植体消毒接种→初代培养→继代培养→生根培养→炼苗→移植。

消毒灭菌:房间、工具、器皿消毒。室内用1%～2%福尔马林消毒,工具器皿用70%酒精或0.1%升汞消毒。

配制培养基:按表12中成分配制培养基。

表 12　猕猴桃组培苗培养基成分　(单位:毫克/升)

成　分	含　量	成　分	含　量	成　分	含　量
硝酸铵	1650	磷酸二氢钾	1700	七水硫酸镁	370
硝酸钾	1900	七水硫酸锌	8.6	二水钼酸钠	0.25
EDTA 钠	37.2	五水硫酸铜	0.025	二水氯化钙	440
六水氯化钴	0.025	维生素 B_1	0.1	一水硫酸锰	22.3
碘化钾	0.83	七水硫酸铁	27.8	硼　酸	6.2
肌　醇	100	维生素 B_6	0.5	烟　酸	0.5
甘氨酸	2.0	蔗　糖	30000	琼　脂	6000
BA	1.0	IB	0.3～0.5	培养基 pH	5.8

培养基装瓶消毒:将培养基装入广口罐头瓶或三角瓶中,不需装满,只需装1～2厘米厚。然后经120℃高压灭菌20～30分钟消毒。

配制无菌水:用纯净水在高压锅中煮30分钟,放在大广口瓶备用。

取外植体消毒接种:用优良品种的芽作外植体,其方法是:取1年生蔓或新梢(去叶),用肥皂水将蔓表面刷洗干净,并用自来水冲洗。然后将其剪成一芽段,放入烧杯,摆放在超净工作台上,用70％酒精消毒,再用无菌水冲洗 4～5 遍;还用 0.1％升汞消毒 5～10 分钟,又用无菌水冲洗 3～5 遍,最后用以酒精灯火焰消毒过的镊子、剪刀、拨针和解剖刀等工具剥去叶柄基部和芽鳞,取出幼芽,随即半包埋入广口罐头瓶或三角瓶的培养基中培养。

初代培养:将接种后的广口罐头瓶或三角瓶,放到培养室培养架上培养。控制培养室的光照和温度:光照 1 000 勒克斯,每天照射 8～10 小时;暗 14～16 小时。温度保持 25℃～28℃。培养10～15 天后检查是否有感染,没有感染的转接到新的培养基内,继续培养。已经感染的连同培养基一起清除。

继代培养:当上述植体抽梢至 3～4 厘米时,将其剪成约 1 厘米的茎段接种到新的培养基上培养。大约培养 25 天左右,便可作第二次继代培养。如此反复继代培养,便可繁殖大量苗木。每次增殖量为 3～4 倍。

生根培养:继代培养苗 2～3 厘米高时便可进行生根培养。首先准备好生根培养基,其成分用量与上述培养基稍有不同,大量元素减半,其他成分不变(表 13)。

表 13　生根培养基成分　(单位:毫克/升)

成　分	含　量	成　分	含　量	成　分	含　量
硝酸铵	825	磷酸二氢钾	850	七水硫酸镁	185
硝酸钾	950	七水硫酸锌	8.6	二水钼酸钠	0.25
EDTA 钠	37.2	五水硫酸铜	0.025	二水氯化钙	440
六水氯化钴	0.025	维生素 B_1	0.1	一水硫酸猛	22.3
碘化钾	0.83	七水硫酸铁	27.8	硼　酸	6.2
肌　醇	100	维生素 B_6	0.5	烟　酸	0.5
甘氨酸	2.0	蔗　糖	15000	琼　脂	6000
BA	0	IB	0.1～0.3	培养基 pH	5.8

生根培养基配好并灭菌消毒后分装于瓶中,将继代梢段接种其中继续培养,约 20 天便可生根成苗(图 14)。

图 14　猕猴桃苗组织培养

炼苗:因组织培养苗长时间在可控温湿度的室内生长,对自然环境适应性差,直接移到田间成活率极低。移栽前需经过一段时间锻炼,提高其适应能力后才能移植。炼苗方法很简单,时间也不长,打开培养瓶口,将培养瓶移至自然光下 2～3 天即可移苗。

移栽:移栽时要洗净根上的培养基,以防止培养基感染的杂菌伤害幼苗。移植可栽在苗圃,也可栽在塑料营养钵里。移栽后的管理与实生苗管理相同。

25. 中华猕猴桃苗木出圃前要做哪些准备工作?

(1)**调查苗量**　分品种调查苗木的数量,做到心中有数。

(2)**剪梢撤架**　苗木落叶后剪梢,剪留高度 50 厘米左右,并拆除支扶架材,将支扶架材和剪下的蔓拾出圃外。

(3)**准备起苗工具材料**　备齐锄头、铁锹、捆绑绳及标签等。

(4)起苗前浇水 如果苗圃地土壤干燥,在起苗前 2～3 天浇水,待土壤不粘锹、锄时起苗。这样既可提高起苗工效,又可减少根系损伤。

26. 中华猕猴桃苗什么时候起苗出圃? 怎样起苗出圃?

一般在秋季落叶以后起苗出圃。如果秋季栽植,也可不等落叶时起苗出圃,但需带土或将叶子摘一部分再挖苗。挖苗一般用人工,条件好的用机器挖。无论怎样挖,须尽量少伤根系。人工挖时,不要急于求成,离苗 15～20 厘米下锹或锄,而且入锹不能斜度过大。要按品种顺行逐一挖出,不能东挖一株西挖一株。对挖出的苗木,就地按国家标准分级,每 50 株作一捆,随即系上塑料或白布条标签,在塑料标签上用蓝色圆珠笔写上品种名称和苗木级别。如果是白布条则用毛笔或黑色圆珠笔填写。如果当时有人买,当面抽样点数让其拉走。

27. 中华猕猴桃苗木如何分级? 怎样掌握分级标准?

依据其苗木高度与粗度,侧根的数量、长度、粗度、分布状况,饱满芽的数量,根皮、茎皮皱缩和受伤情况以及嫁接口愈合情况等项,将 1～2 年苗木分为四级,即一级、二级、三级和等外级。对此,国家制定有一个具体标准,见表 14。

表 14　我国猕猴桃苗木修订标准

项　目	级　别		
	一级	二级	三级
品种砧木	纯正	纯正	纯正
侧根数量	4 条以上	4 条以上	4 条以上
侧根基部粗度	0.5 厘米以上	0.4 厘米以上	0.3 厘米以上

续表 14

项　目		级　别		
		一级	二级	三级
侧根长度		全根,且当年生根系长度最低不能低于 20 厘米,2 年生根系长度最低不能低于 30 厘米		
侧根分布		均匀分布,舒展,不弯曲盘绕		
苗木高度 （除去半木质化以上嫩梢）	当年生种子繁殖实生苗	40 厘米以上	30 厘米以上	30 厘米以上
	当年生扦插苗	40 厘米以上	30 厘米以上	30 厘米以上
	2 年生种子繁殖实生苗	200 厘米以上	180 厘米以上	160 厘米以上
	2 年生扦插苗	200 厘米以上	180 厘米以上	160 厘米以上
	当年生嫁接苗	40 厘米以上	30 厘米以上	30 厘米以上
	2 年生嫁接苗	200 厘米以上	180 厘米以上	160 厘米以上
嫁接口上 5 厘米处茎干粗度	低位嫁接当年生嫁接苗	0.8 厘米以上	0.7 厘米以上	0.6 厘米以上
	低位嫁接 2 年生嫁接苗	1.6 厘米以上	1.4 厘米以上	1.2 厘米以上
	高位嫁接当年生嫁接苗	0.8 厘米以上	0.7 厘米以上	0.6 厘米以上
	高位嫁接 2 年生嫁接苗	0.8 厘米以上	0.7 厘米以上	0.6 厘米以上
饱满芽数		5 个以上	4 个以上	3 个以上
根皮与茎皮		无干缩皱皮	无新损伤处	陈旧损伤面积<1 平方厘米
嫁接口愈合情况及木质化程度		均良好		

28. 中华猕猴桃苗木需不需要病虫害检疫？如何检疫？

这项工作非常重要。它关系到建立中华猕猴桃园的成败。如果用带有根腐病菌、溃疡病菌、病毒病的苗木建园,必定会失败。检疫对象还有介壳虫、丛枝病、根结线虫等。为了对购买方负责,一定要出圃前或出卖时请植物检疫机构专业人员在现场抽样调查疫情。小型苗圃对角线随机取样 100～200 株,大型苗圃随机抽 2～4 个小区,每小区对角线随机取 100～200 株检查,计算病虫发生率,并将检查结果由检疫机构出示书面证明。

29. 中华猕猴桃苗木怎样保管?

苗木起出后,不能马上销售或栽植,要及时分品种、分级别假植。在背风向阳、地势较高的地方挖南北向的假植沟,沟宽 50～100 厘米,长度视苗木数量而定,沟深 30～40 厘米,沟内先放一层湿沙或湿碎土。然后将苗木解捆,从南头开始,把苗木斜放在沟内,苗梢朝南,放一层苗,在其根部培一次湿细土,如此反复,将该级品种苗木埋完为止。品种及其级别要标记,并要划出品种苗木假植图妥善保管。每隔一定时间检查 1 次,以防止鼠害或所培碎土干湿不匀。假植场四周要挖好排水沟,以防渍水而造成苗木烂根。

30. 中华猕猴桃苗木远途运输怎么办?

(1)包装 如果起苗后马上远运,将圃内分好级并捆好的苗木运到包装场地包装。包装材料可用蛇皮袋、麻袋、蒲包等,其内放点湿稻草或湿旧布或湿纸。包装好后,每包还要拴写有品种及其级别的标签,以便运到后查找。

(2)运苗车要盖棚布 苗包装上车后,用塑料膜覆盖保湿,再用棚布盖好,并且绑紧,以防苗木风干和被别人拿走。如运输已经假植的苗,起苗后重新按品种、级别每 50 株作一捆,并栓好品种及级别的标签,然后再包装运输。

四、选址建园

从园址选择到苗木栽植的技术是提高中华猕猴桃商品性的基础技术。

1. 中华猕猴桃的园址如何选择？

首先,要根据前述中华猕猴桃对立地环境条件的要求,考虑在其生态适区选择园址。其次,考虑交通条件。概括来说,要选择气候适宜,水源充足,水无污染,土壤中性或微酸性,土层深厚、土质疏松、土壤肥沃、地势较高、能灌能排、交通方便的地方建园为宜。根据我国人口众多,耕地不多的国情,最好在生态适应区向山区和丘陵地发展。在山区丘陵选择园址,为避免强光直射,以选西南坡地为宜,坡度应小于 25°。

2. 中华猕猴桃园的规划包括哪些内容？

中华猕猴桃园的规划,要实行"山、水、林、园、路"统一规划,包括种植小区规划、道路规划、林网规划、渠系规划、水土保持规划、附属建筑物的规划以及养殖业规划。

3. 中华猕猴桃的种植小区怎样划分？

为了管理作业方便,应根据当地气候、地形特点将全园划分为若干种植小区。平地建园,种植小区可划为长方形,长 200 米,宽 100 米,南北走向。丘陵山地建园,小区形状随地形而异,以弯就弯。小区面积大小也不强求一致。

4. 中华猕猴桃园道路怎样规划?

建立大型商品猕猴桃园,为方便于运输和作业,必须规划道路。果园道路系统可分三级,即主干道、支道和作业道。平地果园的主干道设在果园中间,贯通全园,路面宽 6～7 米,以便错车,与园外公路相接。各种植小区间设支道,路面宽 3～4 米,连接主干道。种植小区内设作业道,路面宽 1～2 米。山地果园主干道设在高岗或中坡,路面宽 4～5 米,支道依地形以弯就弯,路面宽 3 米,种植小区内作业道宽 1～2 米。

5. 中华猕猴桃园的防护林网有什么作用? 怎样规划?

中华猕猴桃怕大风,尤其是春季的大风。春季大风可将新梢吹断,影响产量和树体生长。中华猕猴桃对空气相对湿度的要求也高,生长季节要求空气相对湿度为 75％～85％。林网不仅可以防止风害,而且还可以调节果园小气候:截获降水,增大空气相对湿度;夏季降温;冬季增温和增加积雪量。还可保持水土。

大型猕猴桃园的林网分主林带和副林带两级。主林带设置应与主风方向垂直。如因地势、地形的影响,不能垂直的,允许有 25°～30° 的偏角,超过此限,防风效果将显著降低。疏透型林带的防风效应是其高度的 25～30 倍,以 10～15 倍为最好。距林带 8 倍林高处,风可减速 50％。林带高以 10 米计,主林带之间的距离以 100～150 米为宜。主林带的宽度视当地风力大小而定,一般为 3～7 行。副林带与主林带垂直或稍有偏角,一般 2～3 行。林带与道路配置相结合。林网树种采用本地乡土树种,实行乔木与灌木结合,常绿树与落叶树结合,建设疏透型林带。林带内行株距:乔木树 2 米×1.5 米,灌木树 1 米×1 米。

规划主、副林带时,还要考虑林果之间的断根沟的设置,以免林带与果树争夺肥水(图 15)。

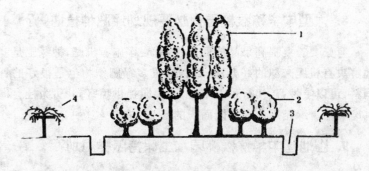

图15　猕猴桃园防风林主林带的配置与营造　（横断面）
1. 乔木　2. 灌木　3. 断根沟　4. 猕猴桃

6. 怎样规划中华猕猴桃园的灌排系统？

中华猕猴桃怕旱怕涝，建园时必须考虑灌水与排水问题。有经济实力条件的，实行喷灌最为理想，也可采用滴灌。喷灌、滴灌无须规划灌渠系统。缺乏经济实力的必须规划灌水渠系。园内灌水渠系分三级，即干渠、支渠和毛渠。灌水渠系尽量与林网相结合，置于林带行间，毛渠沿果树行设置。

不管山地平地，有无经济实力，用何种方式灌水，都需要设置排水系统，排水渠系分两级，即干排渠和支排渠，全园最低洼的地方挖干排渠，各小区四周和低洼的地方挖支排渠。

7. 大型中华猕猴桃园要规划哪些建筑和设施？

建筑物有办公室、工人休息室、工具房、分级包装厂、果库、农药化肥房、水泵房、养殖场、瞭望厅、配药池、粪池等。设施有喷灌、微灌、滴灌设施及供水供电设施。

8. 大型中华猕猴桃园有必要规划绿肥种植地吗?

有必要。要提高果品的商品性,就要多施有机肥,种绿肥是就地解决有机肥来源的好办法。同时,很多绿肥作物也是很好的青饲料,可以喂牲畜,实行种养结合,为果园提供牲畜粪肥,为社会提供肉食品。绿肥用地占果园面积的 6% 左右。

9. 山地建中华猕猴桃园水土保持怎样规划?

中华猕猴桃虽然是一个保持水土能力很强的植物,但在山区丘陵建中华猕猴桃园仍需做好水土保持的基础建设。要沿等高线做好内斜式梯,梯面宽度随坡度而定,最少 3 米,斜度 5°左右(图16)。梯田内边,挖好 1% 坡降排灌两用沟。梯壁就地取材,石头材料可做垂直梯壁。用土坡壁,壁面必须种植护坡植物,如三叶草、大金鸡菊、紫穗槐等。如果一时来不及修梯田,可先沿等高线挖鱼鳞坑栽树,后改为上述梯田。

10. 如何将大型中华猕猴桃园建成生态果园,使之持续高产优质?

除了规划建设好防护林、道路及灌排渠系、果树、绿肥用地之外,还要作好种养结合的规划,解决有机肥来源,使果园物质良性循环,从而使中华猕猴桃持续高产优质。同时还可以为社会提供更多种类的产品,增加果农收入。

(1)养猪 猕猴桃叶含蛋白质 8%,是很好的青饲料,夏季修剪下的嫩梢和叶可以喂猪,很多绿肥作物也是很好的青饲料。猪的粪便又可肥果树、养蚯蚓和肥水养鱼。

(2)养蚯蚓 猕猴桃棚下荫蔽条件很好养蚯蚓。杂草、落叶腐烂后喂蚯蚓。蚯蚓可以疏松和肥沃土壤,还可为畜禽提供动物性饲料。

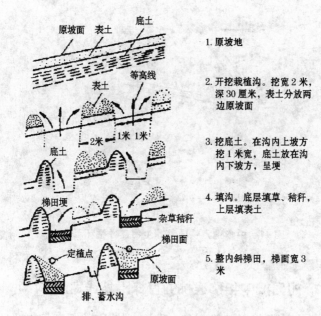

图16 内斜式梯田修建示意图

（3）养鹅、鸭 利用园内杂草和园内水面养鹅、养鸭，鹅、鸭粪便肥果树。如园内无水面，可以人工挖塘。塘既可调节果园小气候，增加空气相对湿度，又可养鹅、养鸭、养鱼。

（4）养鱼 利用园内水面养鱼、鹅、鸭。鹅、鸭粪便可肥水养鱼。

猕猴桃园种养物质循环图如图17。

11. 中华猕猴桃栽植行株距应该多大？

合理密植是世界果树栽培的总趋势。除此，其行株距还要随架式确定，采用棚架式栽培的行距4～5米，株距2～3米。采用篱架栽培的行距3～4米，株距2～3米。

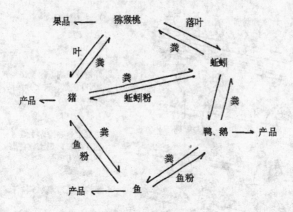

图 17　中华猕猴桃园种养生物良性循环示意图

12. 如何按中华猕猴桃的行株距划线定点?

　　先划好三条控制基线。在小区长边的两头,距离长边 2 米,如有林带,需离 5～7 米(林隙地)各打一个木桩,拉线撒石灰,划出第一条基线。再在第一条基线两头离小区边 2 米处,垂直放出两条基线,撒上石灰。接着在两头基线上,按行距插上小木桩,按顺序对应拉线,逐条放出行线。又在小区两边的行线上按株距插上小木桩,按顺序对应拉线,逐条在两线交叉处做上标记,打出定植点。

13. 为什么建中华猕猴桃园时要深翻改土?

　　为使中华猕猴桃幼树根系发达,树体生长健壮,早结果、早丰产、果品高质量,建园时一定要根据当地土壤状况进行局部或全园深翻施肥,改良土壤。只深翻不施肥,只能疏松土壤,而且效果维持不久。土层浅薄或土质黏重的地建园一定要深翻施肥改良土壤。深翻改土可以改善土壤水、肥、气、热状况,尤其是深层土壤理化性状会得到明显改善,从而可以引根深扎。根深才能叶茂,才能达到壮树、早果、丰产、优质的目的。据湖北省果茶研究所对其猕猴桃试验园深翻试验资料,深翻的土壤容重比不深翻的小 0.05 克/厘米³,土壤孔隙度大 5%～10%。3 年生金魁树体生长健壮,剖面观察根系多 169 条,根系深度深 20 厘米。未深翻者生长不良,发枝弱,叶片发黄。

14. 中华猕猴桃建园时如何深翻改土?

深翻改土有两种方式,即全园深翻改土和局部深翻改土。猕猴桃属浅根系果树,深翻深度 70～80 厘米。

(1)全园深翻 用挖土机先沿种植小区一边距林带 5～7 米处开挖,挖 1 米宽 30 厘米深的表土,放在小区边上。在沟内施入足量基肥,按每米撒施圈肥 5～8 千克或秸秆土杂肥 15～20 千克和过磷酸钙 200 克。若土质黏重,还要掺沙。再往下挖 40～50 厘米深,土不再往沟外放,就地与肥混匀。第一条沟挖完后,再挖第二条沟,将其 1 米宽、30 厘米深的表土放在第一条沟上,然后照前法施肥挖土。如此依次将整个小区挖完,最后将第一条沟的表土运到末沟上覆盖。

(2)局部深翻 有两种方式。

①抽槽 土壤质地黏重的抽槽。其方法是沿规划的行距放线,每行挖 1 米宽、70～80 厘米深的沟。30 厘米表土放在一边,沟里施肥和底土挖法同全园深翻。槽要抽通,以免沟内雨季或灌水后渍水。然后将表土全部填进沟里。填土后,沟变成了埂。

②挖坑 先按规划的行株距用石灰或插短棍打好定植点,以定植点为中心,挖圆形或方形的坑,坑的口径 1 米,深 70～80 厘米。30 厘米表土放在一边,如果是坡地,表土放在上边,40～50 厘米底土放在下边。每坑施足基肥,施量同前,肥料放在底土上。回填时,先将底土与肥料混合后填入,后回填表土,将土全部填入,坑

变成小土包。

15. 中华猕猴桃建园时如何选择雌性品种？

要考虑"四性"：①果实商品性。果实个大，外观漂亮，品质上等，耐贮藏运输。②适应性。适应性强，树体生长健壮。③早果性。进入结果期早。④丰产稳产性。能连年丰产。

16. 中华猕猴桃建园时如何选择雄性品种？

也要注意如下四点：①花期要与雌性品种相同或稍提前。②开花期要长。③花朵多，花粉量大。④花粉与雌性品种柱头的亲和力强，受精率高。

17. 中华猕猴桃定植时，雌、雄株怎样配植？

中华猕猴桃自然授粉主要靠昆虫、蜜蜂。据观察，蜜蜂在果园多为顺行飞行。从小区边第二行开始配雄株，每隔两行配植雄株。配植雄株行每隔2株栽一个雄株，其雌雄比例为8∶1(图18)。

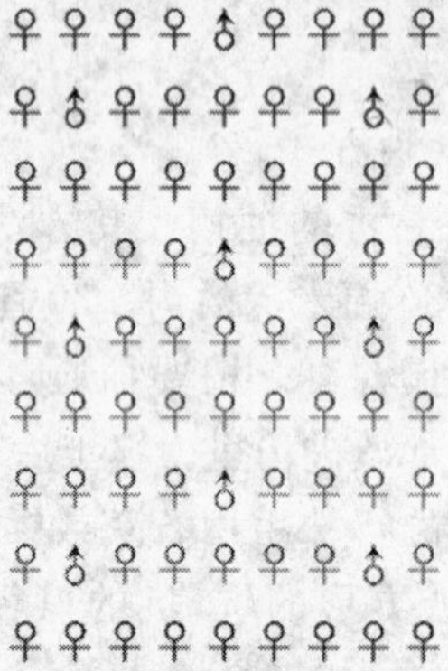

♀♀♀♀♂♀♀♀♀
♀♂♀♀♀♀♀♂♀
♀♀♀♀♀♀♀♀♀
♀♀♀♀♀♀♀♀♀
♀♀♀♀♂♀♀♀♀
♀♀♀♀♀♀♀♀♀
♀♀♀♀♀♀♀♀♀
♀♀♂♀♀♀♀♂♀
♀♀♀♀♂♀♀♀♀

♀ 雌株；♂ 雄株

图18　中华猕猴桃雌、雄株配植图

18. 中华猕猴桃栽植前要做好哪些准备工作?

(1)配制培根土 培根土疏松肥沃,有利于苗木生根、发芽和生长。其制法是 4 份壤土、3 份河沙、3 份草炭或腐熟厩肥混合均匀而成。栽植前将培根土分放在前述土包或土埂的定植点旁,每株 5 千克左右。

(2)检查和整理苗木根系 临栽时对苗木逐株检查,看是否有霉烂根和根结线虫。剪除霉烂根和根结线虫虫瘿;并解开相互缠绕生长的根。难以解开的用修枝剪于缠绕处剪断一部分,使之以后分开生长。

19. 中华猕猴桃如何栽植?

栽植的工艺流程是:挖栽植坑→回填小土包→放苗舒根→填培根土抖苗→填土踩实。

先在定植点上挖直径和深度各 30 厘米的栽植坑,随即回填两锹碎湿土,在坑中做 1 个小土包。再将苗木根骑在小土包上,使根系斜下舒展于四面八方。然后填培根土,抖动苗木使根、土紧密结合,并使根颈与土埂面或土堆面相平,最后填土踩实。

20. 中华猕猴桃定植当年如何管理?

(1)浇水 定植后及时浇定根水。栽植季节雨水少的地区栽后连浇 3 次水,每次相隔 7 天左右。栽植季节雨水多的地区也可以不浇。生长期干旱时适时灌水。

(2)修剪 浇定根水后,将苗木留 2 个饱满芽剪短,使其萌芽后抽出壮梢。

(3)插竿绑扶 苗木抽梢前后,在苗旁插长 2.4 米左右的竹竿,插入土内深 40 厘米左右。新梢长至 30 厘米高时第一次绑梢,在 1 个或 2 个新梢 20 厘米处以活扣绑在竹竿上。若留单干,将生长势强的一个绑扶,对另一个生长势较弱的摘心。直至新梢长至1米左右进行第二次绑扶。注意解旋,让其通直生长。如果生长势弱,梢顶开始旋缠生长,须在始旋处留向上的饱满芽剪梢,保证主干通直,以利于养分和水分运输。当主干长到2米左右高时在1.7米左右处进行第三次绑蔓,并于1.8米左右处剪梢,使其发出二次梢。

(4)追肥 新栽苗木前期要薄施勤施氮肥。苗木开始抽梢时,离苗30厘米左右,用锄钩环状浅沟施尿素或腐熟的稀薄人粪尿。每株施尿素30克左右,施后覆土。以后每隔半个月左右施1次,连施3次。施肥位置离苗木一次比一次远10~20厘米,因根有趋肥性,可引根向外扩展。

五、土、肥、水管理

土壤是植物生长的基地,肥料是植物的粮食,水是植物的血液,土、肥、水管理技术是提高中华猕猴桃商品性的主要技术。

1. 中华猕猴桃园的土壤管理包括哪些内容?

包括松土、除草、种植间作物或生草、地面覆草或覆膜和土壤翻耕等。

2. 果园土壤管理制度有哪些? 提高中华猕猴桃商品性采用哪种管理制度为好?

果园土壤管理制度按幼年果园和成年果园分别叙述。

(1)幼年果园 实行间种植作物或生草,行内松土除草或地面覆盖或化学除草管理制度。

(2)成年果园 有清耕法管理、免耕法管理和生草法管理三种。清耕法是一年翻耕几次,不让杂草丛生。免耕法是长年不耕翻,采用化学除草剂除草。生草法是全园长年生草。

提高中华猕猴桃商品性栽培,幼年果园采用行内松土除草或地面覆盖,行间种植间作物或生草管理制度。成年果园采用生草法管理制度。

3. 中华猕猴桃行内(株间)松土、除草有什么作用? 何时进行?

松土能保持土壤水分和增加土壤氧气含量,有利于根系生长。同时也兼除杂草,避免杂草与中华猕猴桃争肥争水。每次灌水和下雨后,待地表土壤不粘锄时松土。此外,杂草丛生时除草兼松土。

4. 中华猕猴桃园幼龄果园种植间作物有什么好处? 应注意什么?

幼树行间种植间作物有以下的好处:①改善果园小气候,减少地表温度变化幅度,有利于幼树生长。②保持水土,减轻水土流失。③间作物根系腐烂后可增加土壤有机质,改善土壤结构,提高土壤肥力。④防止果园杂草丛生。⑤充分利用土地和阳光,增加经济收入,实行以短养长。

种植间作物时应注意以下 3 点:①不要种高秆和牵藤作物,以免影响树体通风透光。可种植矮秆豆类作物,如黄豆、绿豆、矮生豇豆、花生等。蔬菜有葱蒜类、茄果类和不牵藤的叶菜类。②间作物不要距果树太近,以免和猕猴桃争夺肥水。③实行轮作,有利于间作物生长。连作会使某些营养元素缺乏,或产生某些有毒物质,不利于作物生长。

5. 果园要经常除草,为什么还要提倡生草法管理? 怎样生草?

果园生草既有弊又有利。有弊的是自然生草并让其自然生长,其结果是果园杂草丛生,与果树争肥争水,影响果园通风透光。先进的是人工选择草种播种,并控制其生长高度。中华猕猴桃园人工生草法已在新西兰、法国、意大利等国家广泛应用。果园生草有利的是:①保持水土。因草的根系有固土能力,草还可截雨,减轻雨点滴溅,因而可以减少果园水土流失。②解决部分有机肥来源,增加土壤有机质,肥沃土壤。③调节果园小气候,增加果园湿度,提高冬季果园地表温度。增加果园积雪厚度,降低果园夏季温度,当然,对于大棚架栽培的中华猕猴桃降温不是很明显。

人工生草的方法是选择矮秆多年生草种播种,播 1 次管多年。每年生长季节割草 2～3 次,控制草的高度不超过 40 厘米。4～5

年翻耕 1 次,轮换草种。同时,翻耕还可防止根系上返和土壤板结。草种可选豆科的白三叶草和苜蓿,菊科的大金鸡菊,禾本科的早熟禾、羊毛草、狗尾草、猫尾草、黑麦草、百喜草和恋风草等。

6. 果园覆草有何作用?

果园覆草是指在果园行内覆盖厚 20 厘米左右的杂草或作物秸秆。这样做具有以下作用:①干旱季节可以保湿。据湖北省果树茶叶研究所 1982 年试验,覆草的土壤绝对含水量为 15.7%,不覆草的为 11.4%,覆草的比对照高 4.3%。②雨季可以减少地表径流,增加蓄水量。③高温季节可以降低地表温度,据下午 2 时观测,地表下 0～15 厘米深土层温度较对照低 7.9℃。④冬季可提高土壤温度和增加积雪。⑤草腐烂后可以肥沃土壤。据资料显示,连续 3 年覆草,其土壤内各种营养元素较对照显著提高,其提高幅度为:有机质 5.85%～22.52%,氮 6.2%～49.2%,磷 2.4%～14.3%,钾 3.2%～65.5%,锌 29.8%～31.8%,铁 4.6%～31.6%,铜 17.8%～84.2%,锰 36%～97.6%,还可以抑制杂草丛生,因而有利于树体的生长与结果。覆草也有不足之处:一是为某些病菌和害虫提供了越冬场所,解决这个问题可于早春果树萌芽前在草面撒施 50% 土壤菌虫统杀可湿性粉剂或结合树体消毒喷 3～5 波美度的石流合剂;二是根系容易上返变浅。一旦覆草,就要长期坚持。

7. 果园覆膜有什么作用?

在树行内覆盖塑料地膜,可有效地改善土壤水、肥、气、热状况。①提高土壤温度。春季覆透明膜可提高地温 1℃～2℃,根系活动提前 1 周。冬季覆银灰色与黑色复合膜提高地温 2℃～4℃。②减少土壤水分蒸发,提高土壤含水量。春季土壤水分含量较对照高 9%～10%,干旱季节土壤含水量较对照高 12%,冬季高

8%～10%。③保持土壤疏松。④抑制杂草滋生。

8. 中华猕猴桃生长发育需要哪些营养元素? 各元素的主要作用是什么?

中华猕猴桃生长需要多种营养元素,大量元素有氮、磷、钾、钙、美、硫、氯等,微量元素有镁、锰、锌、铜、硼等。各营养元素作用分述如下。

(1)氮 氮是蛋白质的组成成分之一。施氮能促进营养生长,延缓衰老,提高光合作用效率,增加树体有机化合物,提高果实的产量和品质。

(2)磷 磷能增强树体生活力,促进花芽分化、果实发育和种子成熟,提高果实品质,提高根系吸收能力,促进新根发生和生长;增加树体内束缚水,提高树体抗旱抗寒能力。

(3)钾 钾可促进果实膨大和成熟,促进糖的转化和运输,提高果实品质和耐贮性;促进枝蔓增粗和组织成熟,增强树体的抗旱、抗寒、耐高温和抗病虫的能力。

(4)钙 是细胞壁的重要组成分。能调节光合作用,也与细胞膜的稳定性和渗透性有关;钙可减轻土壤中某些金属离子的毒害作用,使果树能正常吸收铵态氮,促进果树的生长发育;延迟果实衰老,提高果实硬度,增强果实耐贮性。

(5)镁 能调节植物的光合作用和水合作用,促进果实膨大和增进果实品质。

(6)硫 硫是多种氨基酸和酶的组成分。与碳水化合物、脂肪和蛋白质的代谢有密切关系。

(7)氯 氯与光合作用和水合作用有关。

(8)铁 铁参与基本代谢,在蛋白质合成、叶绿素形成、光合作用等生理生化过程中起重要作用。

(9)硼 有促进花芽分化、花粉发芽和花粉管的伸长的作用,对子房发育也有影响；能提高维生素和糖的含量，增进果实品质；促进根系发育和增强根系的吸收力。

(10)锰 锰是植物体内各种代谢作用的催化剂。适量的锰能保证各种生理过程正常进行；可提高维生素 C 的含量，增加糖分的积累，提高果实品质。

(11)锌 是某些酶的组成成分，如碳酸脱氢酶；也与生长素的合成有关。

(12)铜 参与光合作用过程，也参与蛋白质和碳水化合物的合成。

以上各种营养元素过多或缺少，树体都会出现问题。

9. 提高中华猕猴桃果实的商品性施什么肥料为好？

施有机肥为好。施有机肥果实外形、内在品质和贮藏性能均优于单施化肥。有机肥是完全肥料，含有植物所需要的各种营养元素。现在提倡发展有机农业。广东聪明人集团在其 2 000 公顷猕猴桃基地全程施农家肥，已形成该集团的特色。

10. 有机肥包括哪些种类？其营养元素含量有多少？

有机肥包括人粪尿、畜禽粪便、绿肥、饼肥和动植物腐烂物。

(1)人和家畜、家禽新鲜粪尿中的养分含量 见表 15。

表 15 人和家畜、家畜新鲜粪尿中的养分含量 （克/千克）

种 类	项 目	水 分	有机物质	氮(N)	磷(P_2O_5)	钾(K_2O)
猪	粪	820	150	5.6	4.0	4.4
	尿	890	25	1.2	1.2	9.5
牛	粪	830	145	3.2	2.5	1.5
	尿	940	30	5.0	0.3	6.5
马	粪	760	200	5.5	3.0	2.4
	尿	900	65	12.0	0.1	15.0

续表 15

种 类	项 目	水 分	有机物质	氮(N)	磷(P₂O₅)	钾(K₂O)
羊	粪	650	280	6.5	5.0	2.5
	尿	870	72	14.0	0.3	21.0
人	粪	750	221	15.0	11.0	5.0
	尿	970	20	6.0	1.0	2.0
鸡	粪	510	255	16.3	15.4	8.5
鸭	粪	570	262	11.0	14.0	6.2

(2)各种饼肥的有机质含量为 250～800 克/千克,其氮、磷、钾养分含量 见表 16。

表 16　各种饼肥的氮、磷、钾养分含量 （克/千克）

饼肥种类	氮(N)	磷(P₂O₅)	钾(K₂O)
大豆饼	70.0	13.2	21.3
芝麻饼	58.0	30.0	13.0
花生饼	63.2	11.7	13.4
棉籽饼	31.4	16.3	9.7
菜籽饼	45.0	24.8	14.0
葵花籽饼	54.0	27.0	—
蓖麻籽饼	50.0	20.0	19.0
柏籽饼	51.6	18.9	11.9
茶籽饼	11.1	3.7	12.3
桐籽饼	36.0	13.0	13.0

(3)主要农作物秸秆中营养成分的含量 见表 17。

表 17　主要农作物秸秆中一些营养成分的含量　（克/千克）

作物秸秆	氮(N)	磷(P_2O_5)	钾(K_2O)	钙(CaO)	硫(S)
小麦秸	5.0～6.7	2.0～3.4	5.3～6.0	1.6～3.3	12.3
水稻草	6.3	1.1	8.5	1.6～4.4	11.2～18.9
玉米秸	4.3～5.0	3.8～4.0	16.7	3.9～8.0	2.03
大豆秸	13.0	3.0	5.0	7.9～15.0	2.27
油菜秆	5.6	2.5	11.3	—	3.48

(4)几种作物秸秆的有机成分含量　见表18。

表 18　几种作物秸秆的有机成分含量　（克/千克）

秸秆种类	纤维素	脂　肪	蛋白质	木质素
水稻草	350	8.2	32.8	79.5
冬小麦秸	343	6.7	30.0	212.0
燕麦秸	354	20.2	47.0	204.0
玉米秸	306	7.7	35.0	148.0
玉米芯	377	13.7	21.1	147.0
豆科干草	285	20.0	93.1	283.0

(5)各种绿肥作物的三要素含量　见表19。

表 19　各种绿肥作物营养成分含量　（克/千克）

种　类	氮(N)	磷(P_2O_5)	钾(K_2O)
蚕　豆	0.55	0.12	0.45
紫穗槐枝叶	1.32	0.3	0.79
黑青豆枝叶	0.58	0.08	0.73
黄花苜蓿	0.60	0.11	0.40
田　菁	0.52	0.70	0.17
紫花苜蓿	0.56	0.18	0.31

(6)常用厩肥和堆肥的养分含量 见表20。

表20 常用厩肥和堆肥养分含量 （克/千克）

肥料种类		有机质	氮(N)	磷(P_2O_2)	钾(K_2O)
厩肥	猪厩肥	115	4.5	1.9	6.0
	马厩肥	190	5.8	2.8	6.3
	牛厩肥	110	4.5	2.3	5.0
	羊厩肥	280	8.3	2.3	6.3
	鸡圈粪	255	6.3	15.4	8.5
堆肥	青草堆肥	282	2.5	1.9	4.5
	麦秸堆肥	811	1.8	2.9	5.2
	玉米秸堆肥	805	1.2	1.6	8.4
	稻秸堆肥	786	9.2	2.9	7.4

11. 各种有机肥施后何时见效？肥效有多久？

人尿施后5～10天见效,肥效只管当年。其他肥料施后10～20天见效,肥效可管3年,但各年肥效率不同(表21)。

表21 各种有机肥料的肥效速度

肥料种类	各年肥效(%)			开始发挥肥效的时间
	第一年	第二年	第三年	（天）
圈 粪	34	33	33	15～20
土 粪	65	25	10	15～20
炕 土	75	15	10	10～12
人 粪	75	15	10	10～12
人 尿	100	0	0	5～10
马 粪	40	35	25	15～20
羊 粪	45	35	20	15～20

续表 21

肥料种类	各年肥效(%)			开始发挥肥效的时间
	第一年	第二年	第三年	（天）
猪　粪	45	35	20	15～20
牛　粪	25	40	35	15～20
鸡　粪	65	25	10	10～15

12. 大型猕猴桃园的有机肥怎样解决?

(1)种植绿肥　利用行间种,专门规划绿肥地种,利用园边地角种。

(2)饲养畜禽　实施生态良性循环、持续发展战略。

(3)专班积肥　组织专班积肥施肥,种植绿肥、收集园内外杂草和枯枝落叶沤制堆肥,收集家畜、家禽粪便;负责全园历次施肥。

(4)购买有机肥　购买附近养殖场的畜禽圈肥、榨油厂的饼肥。

13. 常用绿肥作物的播种、压青、产草量及其特性是怎样的?

常用绿肥作物的播种、压青、产草量及其特性见表22。

表22 常用绿肥作物简介

种 类	播种期	播种量（千克/667米²）	压青或刈割时期	产草量（千克/667米²）	特 性
乌豇豆	春、夏、初秋	4～5	播后50天左右（盛花期）	1000～1500	一次播种，一次收获。生长快，产量高，年内可多作多收。枝叶鲜嫩，易腐烂。喜高温多湿，有一定抗旱能力，宜做夏绿肥
绿 豆	春、夏	2	播后60天左右（盛花期）	1000～1500	一次播种，一次收获。生长较快，产量高。枝叶鲜嫩，易腐烂。喜高温、耐旱、耐瘠、不耐涝，一般酸性土或盐碱土均可栽培
田 菁	春、夏	3～4	花蕾至初花期	2000～3000	属高秆绿肥，春播年内可割2次。耐涝、耐瘠、耐盐碱，能养地改碱。应及时收割，以免影响果园通气透光和茎秆木质化
柽 麻	春、夏	2～2.5	播种40～50天	2000～3000	属高秆绿肥。生长快速，年内可刈割2～3次。耐旱、耐瘠、耐酸、耐盐碱，但不耐涝。茎秆易木质化，适宜改良沙荒
紫叶苕子	秋季	2～3	晚春、初夏（盛花期）	1500～2000	属高秆绿肥。春播年内可刈割2次。耐涝、耐瘠、耐盐碱，能养地改碱。应及时收割以便影响果园通气透光和茎秆木质化

续表 22

种 类	播种期	播种量（千克/667 米²）	压青或刈割时期	产草量（千克/667 米²）	特 性
毛叶苕子	秋季	2.5～3.5	晚春、初夏（初花期）	2000～2500	产量高，茎叶鲜嫩，易腐烂。耐阴、耐旱、耐瘠、较耐寒，不耐涝。可种在行间或株间
白花草木樨	春、夏	1～1.5	初秋一次翻压或夏、秋、春分刈割	1500～2000	适应性强，耐旱、耐湿、耐瘠、耐寒、耐盐碱，可利用荒山野岭、沟崖、堤坡和渠道两旁种植，水土保持能力强
豌豆	秋、早春	7.5～10	晚春、初夏、夏（初花期）	1250～1500	宜选种植株较高大抗逆性较强的紫花豌豆品种。较耐寒、不耐湿涝
苜蓿	秋、春、夏	0.75～1	第一年秋割 1 次，第二至第四年每年收割 3～4 次	2000～3000	适应性强，耐寒、耐旱、耐盐碱、不耐涝。一次播种可用 3～5 年
沙打旺	春季	—	第一年秋割 1 次，第二至第四年每年收割 2～3 次	—	极耐旱、耐瘠。一次播种可利用 1～5 年，但第一年生长缓慢。改土效果好，适合沙荒和幼龄果园
紫穗槐	春秋或春、夏季压条	1.5～2	2 年生以上的每年收割 2～3 次	1500～2500	适应性强，耐旱、耐寒、耐湿、耐涝、耐盐碱。山坡、地堰、沟谷、水旁都可栽植。一次种植可多年收获，肥效高

14. 当有机肥源不足,也可辅以无机肥,常用的无机肥有哪些?

氮肥有尿素、硫酸铵、碳酸氢氨、氯化氨;磷肥有过磷酸钙和钙镁磷肥、磷矿粉;钾肥有硫酸钾和氯化钾;硼肥有硼酸和硼砂;微量元素肥料有硫酸亚铁、硫酸锌、硫酸锰、钼酸铵等;复合肥有磷酸铵、钾镁肥、磷酸二氢钾、氮磷钾复合肥。

15. 常用三要素肥料的成分及主要理化性状怎样?

使用三要素化学肥料,应该了解它的成分、养分含量、酸碱性及其水溶性,能否混合使用(表23)。

表 23　常用三要素肥料的成分及主要理化性状

肥料	名　称	化学分子式	养分含量(%)	化学反应	溶解性	备　注
氮肥	硫酸铵	$(NH_4)_2SO_4$	N 20～21	弱酸性	水溶性	不能与石灰等碱性肥料混用
	碳酸氢铵	NH_4HCO_3	N 17	弱碱性	水溶性	
	硝酸铵	NH_4NO_3	N 34～35	弱酸性	水溶性	
	尿素	$CO(NH_2)_2$	N 42～46	中性	水溶性	
磷肥	过磷酸钙	$Ca(H_2PO_4)_2+CaSO_4$	P_2O_5 16～18 $CaSO_4$ 18	酸　性	水溶性	
	钙镁磷肥	$\alpha\text{-}Ca_3(PO_4)_2$	P_2O_5 14～18 CaO 25～30 MgO 15～18	碱　性	弱酸溶性	
	磷矿粉	$Ca_3(PO_4)_2$	P_2O_5 14 以上	碱性	强酸溶性	
	骨粉	$Ca_3(PO_4)_2$	P_2O_5 20～35	中性	弱酸溶性	
钾肥	硫酸钾	K_2SO_4	K_2O 48～52	中　性	水溶性	
	氯化钾	KCl	K_2O 50～60	中　性	水溶性	

续表 23

肥料	名　称	化学分子式	养分含量（%）	化学反应	溶解性	备　注
复合肥料	磷酸铵	$NH_4H_2PO_4$ $+(NH_4)_2HPO_4$	N 12～18 P_2O_5 46～52		水溶性	磷酸铵为碱性，不能与石灰、草木灰混施
	钾镁肥	$K_2SO_4 \cdot MgSO_4$	K_2O 33 MgO 28.7		水溶性	含较多 NaCl，不宜大量施用
	磷酸二氢钾	KH_2PO_4	P_2O_5 24 K_2O 27	酸性		
	氮磷钾复合肥		N、P_2O_5、K_2O 各 14%	中性	水溶性	丹麦产含量较高，国产含量较低

16. 常用微量元素肥料的成分及主要理化性状怎样？

猕猴桃对微量元素需量甚微，但如果缺乏，则表现出缺素症，影响猕猴桃的生长发育和果实的产量与品质。几种常用微肥的成分和主要理化性状见表 24。

表 24　常用微量元素肥料的成分及主要理化性状

肥料	名　称	化学分子式	养分含量（%）	深解性（在水中）	备　注
硼肥	硼砂 硼酸	$Na_2B_4O_7 \cdot 10H_2O$ H_3BO_3	B 11 B 17	易溶	40℃ 热水中易溶
锌肥	硫酸锌	$ZnSO_4 \cdot 7H_2O$	Zn 35～40	易溶	
铁肥	硫酸亚铁	$FeSO_4 \cdot 7H_2O$	Fe 19～20	易溶	铁肥易被土壤固定，一般作根外追肥
锰肥	硫酸锰	$MnSO_4 \cdot 7H_2O$	Mn 24～28	易溶	
钼肥	钼酸铵	$(NH_4)_6Mo_7O_{24} \cdot 4H_2O$	Mo 50～54	易溶	用量少，作根外追肥

17. 几种常用化学肥料施用后几天见效？肥效有多长？

化学氮肥是速效肥料，施后 3～8 天见效，当年肥效耗尽。而过磷酸钙施后 8～10 天见效，肥效可持续 3 年（表 25）。

表 25　常用化肥肥效速度

肥料种类	各年肥效（%）			开始发挥肥效的时间（天）
	第一年	第二年	第三年	
尿　素	100	0	0	7～8
硫酸铵	100	0	0	3～7
硝酸铵	100	0	0	5 天左右
过磷酸钙	45	35	20	8～10

18. 中华猕猴桃有哪些施肥方法？

施肥可分根际施肥（又称土壤施肥）和根外施肥（常用叶面喷肥）。

根际施肥的方法有沟施、环状沟施、放射状沟施、穴施和全园撒施等。

19. 中华猕猴桃根际一年要施几次肥？每次施些什么肥？

中华猕猴桃在年生长周期中，各物候期对营养元素种类的需要是不一样的。依据其各物候期对营养的需求，根际一年要施 5 次肥，分别在萌芽前、开花前、果实迅速膨大前、新梢停长前、果实采收前后施。此外，于生长期多次叶面喷肥。萌芽前施速效性氮肥，如尿素、硫酸铵等，以使萌芽抽梢整齐，新梢生长迅速。开花前以速效氮肥为主，适当配合磷钾肥，以促进开花整齐和提高坐果率。果实迅速膨大期也是新梢迅速生长期,此前施肥促其迅速生长,施肥种类氮、磷、钾并重。新梢停止生长前也是果实成熟期,施肥以钾肥为主,促使新梢生长充实,适时停止生长,提高树体的抗寒性和提高果实品质。果实采收前后施基肥,以迟效性有机肥为主,适当配合速效性氮肥,以促进树体健壮和增加树体养分积累(图 19)。

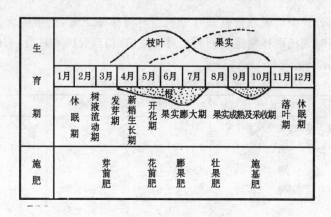

图 19　猕猴桃年周期依物候期施肥

20. 中华猕猴桃的施肥量应该怎样掌握?

这是一个非常复杂的问题。不同树龄施肥量不一样;同一树龄结果量不同,施肥量不一样;不同土壤含有的有效营养元素不一样;不同肥料所含营养元素及其量不一样;不同物候期对同一种元素的需求量不一样;不同天气和农业操作肥效不一样。因此生产上很难准确掌握,需要在生产实践中总结经验,根据实际情况施肥。

中华猕猴桃施肥要从经验走向科学,必须经常进行叶分析和土壤有效营养元素含量的测定,实施补差施肥,缺什么施什么,缺多少施多少。但目前国内猕猴桃补差施肥还没有起步。

　　根据陕西省周至县猕猴桃基地栽培秦美猕猴桃施基肥的经验：幼树株施有机肥 50 千克，加过磷酸钙和氯化钾各 0.25 千克，盛果期株施有机肥 50～75 千克，加过磷酸钙 1 千克和氯化钾 0.5 千克。

　　从理论上讲，施肥量 $= \dfrac{吸收量 - 土壤中含量}{肥料利用率}$

　　公式中的吸收量就是叶分析当时树体缺乏量，土壤中含量也需当时现场取样测定。新西兰对 1 月份（相当我国 6 月份）采样分析的结果（表 26）可供参考。

表 26　猕猴桃叶片分析的标准

元　素	缺　乏	最适范围	过　量
大量元素（克/100 克干叶重）			
氮	<1.5	2.2～2.8	>5.3
磷	<0.12	0.18～0.22	>1.0
钾	<1.5	1.8～2.5	—
钙	<0.2	3.0～3.5	—
镁	<0.1	0.3～0.4	—
硫	<0.18	0.25～0.45	—
钠	—	0.01～0.05	>0.12
氯	<0.6	1.0～3.0	>7.0
微量元素（毫克/千克干叶重）			
锰	<30	50～100	>1500
铁	<60	80～200	—
锌	<12	15～30	>1000
铜	<3	10～15	—
硼	<20	40～50	>100

下面介绍国外提出的几个施肥量供大家参考。

新西兰专家根据随果实流失的营养元素对该国海沃德主产区普伦提湾的成年树提出了稳产 1 500 千克/667 平方米的施肥建议。年施氮素 11.3 千克/667 平方米,磷素 3.7 千克/667 平方米,钾素 6.7 千克/667 平方米(表 27)。

表 27　成龄园中由果实损失的元素估计值及施肥建议

大量元素	氮(N)	磷(P_2O_5)	钾(K_2O)	钙(CaO)	镁(mgo)	硫(S)
由果实中失去的营养(千克/667 米²)	3	0.4	5.4	0.53	0.26	0.33
肥料施用量(千克/667 米²)	11.3	3.7	6.7	8	2.4	4.3

新西兰的弗利特彻(Fletcher)主张幼树每株 1 年施氮 60 克(相当尿素 0.12 千克),分两次施。成年树每 667 平方米 20 株,每株施氮(N)500～670 克,磷(P_2O_5)140～200 克,钾(K_2O)270～340 克。

日本福井正夫提出了不同季节施肥量及其比例,基肥占全年的 50%～60%(表 28)。

表 28　中华猕猴桃在不同时期的施肥量　(千克/667 米²)

时　期	氮(N)		磷(P_2O_5)		钾(K_2O)	
	施肥量	%	施肥量	%	施肥量	%
基肥(11 月)	7.98	60	5.60	60	6.6	50
追肥(6 月)	2.66	20	1.87	20	3.6	30
秋肥(9 月)	2.66	20	1.87	20	2.4	20
全年施肥	13.30	100	9.34	100	12.6	100

日本农林水产省对不同树龄的海沃德提出三要素的施肥标准

（表29）。

表29　不同树龄施肥标准　　（千克/1 000 米²）

树　龄	氮素(N)	磷素(P_2O_5)	钾素(K_2O)
1 年	4.0	3.2	3.6
2～3 年	8.0	6.4	7.2
4～5 年	12.0	9.6	10.8
6～7 年	16.0	12.8	14.4
成龄树	20.0	16.0	18.0

　　法国拉鲁（larue）报道，栽后第一年每株施氮 60 克，分两次施。第二年至第七年每株施氮（N）80 克（分 3 次施），磷（P_2O_5）30克，钾（K_2O）50 克；第七年以后每株施氮（N）500 克，磷（P_2O_5）150克，钾（K_2O_2）260 克，镁（MgO）75 克。

21. 棚架栽培的中华猕猴桃土壤施肥的位置和深度如何？

　　中华猕猴桃生长迅速，枝蔓很快爬满棚面，根系也遍布棚下土壤中，在棚下离主干 50 厘米以外任何位置都可以施肥，但局部施肥每年要轮换位置。施肥深度依肥料种类而定。氮、钾肥在土壤中可以随雨水移动，因而施速效性氮肥可以浅施，施 5～10 厘米深即可。甚至下雨前或灌水前撒在地表都可以。磷肥没有移动性，应深施 30～40 厘米。施以迟效性有机肥为主的基肥时，施肥深度为40～50 厘米。

22. 中华猕猴桃为什么要强调秋施基肥？

　　(1)生长的需要　①树体经过 1 年的结果，养分有很大消耗，需要及时补充养分，恢复树势。②冬季即将来临，需要增加树体养分积累,提高树体的越冬能力。③翌年春季,花芽形态分化、萌芽、抽梢、展叶需要消耗大量养分,这也要靠树体积累的养分。④秋季叶子还能进行光合作用制造有机养分,施肥可以保叶,延长其光合作用时间,提高光合作用效率,增加有机养分的积累。因此,秋施基肥十分重要。

(2)可能 秋季根系还有一个小的生长高峰,根系还有吸收水分、养分的能力。在某种程度上说"果树一年之计在于秋",并非"果子到手万事休。"

秋施基肥的施肥量要占全年施肥量的 60% 以上,施肥种类以有机肥为主,配施适量过磷酸钙和速效性氮肥。磷肥需深施,且易被土壤固定,和有机肥一起作基肥施可以充分发挥肥效,是施磷肥的一次好机会。速效性氮可供根系很快吸收,也可供养土壤微生物,加速有机肥的腐熟。笔者根据实践和调查,归纳不同树龄施基肥量如表30。

表30　不同树龄施基肥量 （千克/株）

树　龄	厩　肥	过磷酸钙	尿　素
2～3 年	10	0.5	0.1
4～6 年	30	1.0	0.3
7 年以上	50	2.0	1.0

23. 叶面喷肥有何优点? 应该注意什么?

叶面喷肥是多、快、好、省的施肥方法。中华猕猴桃叶片大而且茸毛多,很适宜叶面喷肥,应在其栽培中广泛推广应用。叶面施肥有以下 5 个优点:①省工。一人一天可喷 0.3 公顷。②省肥。喷肥浓度一般只需 0.2%～0.3%。③吸收快。喷尿素后,2 小时可以吸收 40%,24 小时可以吸收 85%。④吸收率高。如叶面喷磷,吸收率可达 20%～50%,而土壤施磷吸收率只有 6%～9%,而且相当一部分被土壤固定。⑤养分分配均匀。叶面喷肥可以将养分均匀地分布于树冠,而根际施肥根系吸收的养分只能按生长中心分配。⑥可结合打药进行,省时省工。

叶面喷肥要特别注意肥液的浓度,应先做少量试验后再大面积使用,以防止发生肥害。同时要选择适宜的天气喷施,宜选无风无雨的天气喷施,高温季节晴天最好在上午 7～11 时,下午 4～7 时进行。同一浓度,如在中午喷可能会发生药害。

24. 怎样进行人工叶面喷肥?

喷头朝上,肥喷于叶背。叶背茸毛多,吸附的肥液多;叶背的气孔多,吸收的肥液多,而且吸收得快。喷头朝上,也会有肥液雾滴落到叶面上被吸收一部分。打药也是一样。大棚架栽培的中华猕猴桃在进行人工叶面喷肥时,人倒退着走。

25. 一年要进行几次叶面喷肥?

叶面喷肥只是对根际施肥的补充。如根际施肥充足,可以不进行叶面喷肥。需肥时期未施肥或施肥不足,叶面喷肥效果十分显著。一般一年最少喷 5 次。

①展叶期喷 0.3%尿素或 5%腐熟人尿,促进叶面积增大和叶色变浓绿,提高叶片的光合效率。②花期喷 0.1～0.3%硼酸或硼砂,可促进花粉的发育和花粉管的伸长,有利于授粉受精,提高坐果率。③新梢和幼果迅速生长期喷 0.3%尿素或 5%腐熟人尿,可以加速新梢生长和促进果实细胞分裂,促使果实迅速膨大。④果实成熟期喷 0.3%磷酸二氢钾,有利于果实糖分增加和枝蔓充实。⑤果实采收后喷 0.5%尿素,可增强叶片的光合作用,有利于树体恢复和养分的积累。

此外,如果树体表现有缺素症,应针对缺什么营养元素,相应喷什么肥。中华猕猴桃常用叶面肥的种类、浓度、喷施时期及次数见表 31。

表 31　猕猴桃常用叶面肥的种类、浓度、喷施时期及次数

肥料名称	浓度(%)	喷肥时期	次 数	备 注
尿 素	0.3～0.5	花后至采收后	2～4	不能与草木灰、石灰混用
腐熟人尿	5	生长期	1～2	不能与草木灰、石灰混用
过磷酸钙	2～3(浸出液)	花后至采收前	3～4	
磷酸铵	0.5	生长期	2～3	
磷酸二氢钾	0.2～0.5	生长期	2～4	
硫酸钾	2	花后至采收前	2～4	
硝酸钾	0.5～1	花后至采收前	2～3	
硫酸镁	2.0	花后至采收期	3～4	
硝酸镁	0.5～0.7		2～3	
硫酸亚铁	0.5	花后～采收期	2～3	防治黄叶病
	2～4	休眠期	1	
硫酸锌	0.05～0.1	生长期	1	防治小叶病
	2～4	休眠期	1	
氯化钙	1～2	花后至 4、5 周	1～7	防治水心病
	2.5～6	采前 1 个月	1～3	
硫酸铜	0.05	花后至 6 月底	1	防治木栓病
	4	休眠期	1	
硼 砂	0.2～0.3	花期落瓣前后	1	提高坐果率及防治缺硼症
硫酸锰	0.2～0.3	花 后	1	
钼酸铵	0.3～0.6	花 后	1～3	

26. 喷猕猴桃增糖剂对提高猕猴桃品质的效果如何?

据王仁才等在13年生硬毛品系东山峰78-16上试验,喷广东省果树研究所生产的猕猴桃增糖剂400倍液,对提高猕猴桃果实品质有显著作用。其含糖量、维生素C含量、可溶性固形物含量均比对照高,单果重也比对照大,而含酸量有所降低(表32)。

表32 喷增糖剂对猕猴桃果实品质的影响

处 理	可溶性固形物(%)	总 糖(%)	还原糖(%)	维生素(C毫克/100克鲜果肉)	酸(%)	糖酸比	单果重(克)
喷增糖剂	15.50	8.42	7.89	66.97	1.40	6.01	58.74
对 照	14.22	7.38	6.65	57.76	1.58	4.67	55.35

该增糖剂含有氮、磷、钾、钙、锌矿质元素及核苷酸。于猕猴桃生长前期对树冠喷4次,即谢花前、谢花后10天、谢花后45天和谢花后60天。每次喷至滴水为度。

27. 中华猕猴桃缺钾有何症状? 怎样矫治?

中华猕猴桃缺钾的症状表现是新梢生长不良,叶片小,叶色淡,继而叶缘黄化,入夏后黄化叶叶缘逐渐向叶片中间扩展,并迅速变褐坏死,仅主侧脉基部保持绿色,有少数叶片卷成筒状。其矫治方法:①土壤施氯化钾,春季每667平方米施10~16千克,使土壤含钾量达到130毫克/千克。②于新梢迅速生长期喷0.3%硫酸钾水溶液,使叶片含钾量达到0.25%。

28. 中华猕猴桃缺钙有何症状? 怎样矫治?

中华猕猴桃缺钙的症状表现是:高温季节叶片上出现褐色圆形斑点,称叶褐斑病;后期病斑穿孔破裂,严重时叶片早落,影响花芽分化和翌年产量;采收期果面上近果顶出现褐色稍凹陷的疤痕,其下果肉变褐并干缩坏死,深达 3~5 毫米,称果实干疤病。病果不耐贮藏。其矫治方法:①谢花后每 667 平方米撒施生石灰 50~100 千克,而后将其翻入土中,使土壤中速效钙的含量达 3 000 毫克/千克以上。②于采收前 1 个月左右喷 1.0%~1.5%硝酸钙水溶液。

29. 中华猕猴桃缺硼有什么症状? 怎样矫治?

中华猕猴桃缺硼的症状是:影响花粉发育,致使受精不良,造成落花落果;新梢生长缓慢或梢尖枯死,使多年生藤蔓肿大、裂皮、叶色发黄,花果稀少,称藤肿病。因缺硼致使细胞分化不良和碳水化合物代谢失调而导致上述症状。其防治方法是:①花前 1~2 周喷 1~2 次 0.3%硼酸或硼砂溶液。②根际追施硼肥。花前环状沟施硼砂,成年树每株 10 克,要使土壤速效硼含量达 0.3~0.5 毫克/千克,蔓梢全硼含量达到 25~30 毫克/千克。③秋季增施完全肥料有机肥。

30. 中华猕猴桃缺铁有什么症状? 怎样矫治?

中华猕猴桃缺铁症状是:缺铁影响叶绿素的形成,表现在嫩叶叶脉间发黄,最后变褐坏死;花色浅黄,坐果率低;新梢生长不良。土质黏重、地下水位高以及碱性土壤易发生缺铁症。缺铁症俗称黄叶病。其矫治方法:①有机肥与硫酸亚铁混施,成年树每株混施硫酸亚铁 500 克。②叶面喷 0.3%硫酸亚铁溶液。

31. 中华猕猴桃缺锰有什么症状? 怎样矫治?

中华猕猴桃缺锰症状影响叶绿素形成,在幼叶叶脉间呈现细小黄色斑点,进而影响新梢和叶片的生长及果实的成熟。土质黏重、地下水位高和碱性土壤容易发生缺锰症。其防治方法:①增施有机肥,改良土壤。②抽梢期叶面喷施 1~2 次 0.3%~0.4%硫酸锰溶液。③抽梢期施含锰的多元复合肥。

32. 中华猕猴桃缺钼有什么症状？怎样矫治？

中华猕猴桃缺钼的症状是：首先在新梢中、上部嫩叶叶脉间出现淡黄色圆形斑点，称叶黄斑病。叶小而薄，最后叶色发黄。将病叶对光看原黄斑处呈半透明状。其矫治方法：①增施有机肥。②于展叶期喷 0.2％钼酸铵 1～2 次。

33. 灌水对提高中华猕猴桃果实商品性有什么作用？

水果水果，没有水，无法使其生长。中华猕猴桃属浆果，对水分的需求更甚。水是中华猕猴桃的基本组成，在其需水期如果不降水或降水量小，必须灌溉，否则将影响树体和果实的生长发育，导致果实个头小，商品档次低。

34. 对中华猕猴桃的灌溉水质有什么要求？

猕猴桃吸收水分、养分，进行系列生理活动，以满足自体生长发育和开花结果的需要，因此灌溉水质关系到果实的品质。所以中华人民共和国农业行业标准《无公害食品猕猴桃产地环境条件》中，对猕猴桃的灌溉水质提出了下列具体要求（表 33）。

表 33　猕猴桃产地灌溉水质指标

项　目		浓度限值
PH		5.5～8.5
总汞(mg/L)	≤	0.001
总镉(mg/L)	≤	0.005
总砷(mg/L)	≤	0.1
总铅(mg/L)	≤	0.1
氯化物(以 Cl^- 计(mg/L)	≤	250

35. 中华猕猴桃需水的临界期是什么时候？

所谓需水临界期,就是年周期中需水量最多的时期。中华猕猴桃的需水临界期是新梢和果实迅速生长期。此时无降水或降水不足,必须灌水。

36. 中华猕猴桃一年要灌几次水？

中华猕猴桃灌水次数因地区、土壤质地和生育期而异。降水量少的地区灌水次数多,沙质土保水能力差,灌水次数多。依其物候期,即萌芽期、抽梢期、新梢和果实迅速生长期需要灌水,还要结合根际施肥灌水。前述需施 5 次肥,如均不遇雨则需灌 5 次水。冬季寒冷的地区还要灌一次冬水。

37. 中华猕猴桃有哪些灌溉方法？

中华猕猴桃的灌溉方法有下列几种:①沟灌。适用于幼树。②畦灌。适用于 T 形架栽培。③全园灌溉。适用于平地大棚架栽培。④喷灌。适用于成年树,以喷灌为最理想。喷灌既满足了对土壤水分的要求,又可以显著调节空气相对湿度。⑤滴灌。适用于缺水地区和丘陵山地。

38. 中华猕猴桃每次灌水量怎么掌握？

一般看水的渗透深度。中华猕猴桃属浅根系,渗透深度达 60~70 厘米即可,在这一渗透深度范围内,田间最大持水量要达到 70%~80%。但灌冬水要求渗透深度达 1 米以上,这样热容量大,才能使中华猕猴桃安全越冬。

从理论上讲,灌水量＝灌溉面积×土壤浸湿程度×土壤容重×(田间持水量－灌前土壤湿度)。应用此公式计算灌水量也实在太费事,灌溉实践中恐怕不会有人采用。随着科学技术的发展,可用土壤水分张力计测定数值,决定是否需要灌水。张力计以"厘巴"为记数单位,100 厘巴相当于 1 个大气压。当张力计读数在 70 厘巴以下时,表示土壤湿度适宜。当读数达 80 厘巴,表示土壤十分干渴,须立即灌水。并可依据张力计测定灌水前后的厘巴数,计算灌水量。

39. 为什么种植中华猕猴桃要强调排水的重要性?

就其生物学特性说,猕猴桃有三怕:怕旱,怕涝,怕高温。据淹水试验表明,淹水 4 天死亡 40%,淹水 8 天全部死亡。这是因为土壤中缺氧导致中华猕猴桃窒息而亡。即使不淹水,如果土壤中水分过多,也会造成土壤通气不良,氧气缺乏。根系在缺乏氧的条件下呼吸会产生有毒物质毒害根系,影响根系的吸收功能,致使树体生长结果不良。在建园时就要挖好排水沟,每年雨季到来之前要做好清沟排渍工作。

六、整形修剪

在加强肥水管理之后,由整形修剪来调节树体生长与结果的关系,使树体生长健壮,结果均衡,树冠通透,果实品质优良。因而整形修剪是提高果实商品性的关键技术。

1. 中华猕猴桃为什么要整形修剪?

中华猕猴桃是木质藤本果树,若不整形修剪,任其自由生长,枝蔓必将相互缠绕或缠绕在架材上而长得乱七八糟,使树体通风透光不良。即便结果,也会产量低,品质劣,结果大小年现象严重,而且寿命也短,所以一定要对其整形修剪。

整形修剪的目的可概括为"早果、丰产、稳产、优质、壮树、长寿"十二个字。这个目的都是通过调节树体生长与结果关系来实现的。幼树轻剪长留,适当缓和生长势,可以促进早结果;成年树中度修剪,平衡营养生长与生殖生长,使之丰产稳产;修剪调节了枝量与密度,使树体通风透光,可减少病虫危害,增进果实品质;修剪控制了叶果比,就能使树体健壮。健壮的树寿命定会延长。

据罗明对中华猕猴桃修剪的试验,修剪比不修剪显著提高了单果重、单株产量和丰产稳产性。果实达标率达 92%～100%,而不修剪的达标率最高只有 41%(表 34)。

表 34　中华猕猴桃修剪试验结果

处　理	树　龄	留　芽 (数/株)	萌　芽 (数/株)	果数/株	平均单果 重(克)	平均株产 (千克)	果实达标 (80克,%)
修　剪	2	75	23	6	98	0.5	100
	3	121	46	16	95	1.5	100
	4	1170	417	120	85	10.2	97
	5	1590	512	398	80	32.0	92

续表 34

处 理	树 龄	留 芽（数/株）	萌 芽（数/株）	果数/株	平均单果重（克）	平均株产（千克）	果实达标（80 克,%）
不修剪	2	298	155	111	71	7.8	39
	3	425	169	0	0	0.0	0
	4	1100	451	98	75	7.3	41
	5	1350	408	121	57	6.9	14

2. 中华猕猴桃与整形修剪有关的蔓、芽有哪些？

中华猕猴桃是木质藤本植物，其枝称蔓或枝蔓。整形修剪时要知道与其相关的蔓、芽名称，以便在修剪时对其采用不同的修剪方法。

(1)蔓的名称

①依树体结构分：主干、主蔓、侧蔓、结果母蔓、辅养蔓；主干、主蔓和侧蔓构成树体骨架，故统称骨干蔓。

②依年龄分：多年生蔓、2 年生蔓、1 年生蔓和新梢。

③依当年生蔓性质分：结果蔓、生长蔓（又称发育蔓）和徒长蔓，前二者又各分长、中、短蔓。

④依蔓的姿式分：直立蔓、斜生蔓、下垂蔓。

⑤依相互关系分：竞争蔓、交叉蔓、平行蔓。

⑥依保留时间长短分：永久性蔓和临时性蔓。主干、主蔓、侧蔓是永久性的。由此可见，同一蔓由于分类依据不同，而有不同的名称。

(2)芽的分类及其名称

①依芽的性质分：叶芽、花芽（为混合芽）。

②依芽在蔓上的位置分：顶芽（因有自枯现象，不是真正的顶芽）、腋芽、上芽、下芽、侧芽、剪口芽。

③依芽的饱满程度分：饱满芽、瘪芽、盲芽。

④依在芽眼中位置分：主芽、副芽。中间的为主芽，两侧的为副芽。

3. 中华猕猴桃与整形修剪有关的生物学特性有哪些?

(1)生长势 又称树势，指整个树体的生长势力，分强、中、弱三类。判断树势强弱的主要标志是新梢生长量，包括其长度和粗度。不同种类的生长势有所不同，硬毛种较软毛种生长势强。同一种内不同品种生长势也有所不同，如硬毛种金魁生长势比海沃德强。

(2)萌芽力 1年生蔓上芽的萌发能力，分强、中、弱三类。萌发力强的宜适当重剪，萌发力弱的宜轻剪。

(3)成蔓力 1年生蔓上抽生新梢的能力，也分强、中、弱三类。成蔓力强的可适当重剪和疏蔓。

(4)顶端优势 处于顶端的芽，有着生长的优势。修剪时可利用它迅速扩大树冠，削弱它可促进下部蔓、芽生长。

(5)垂直优势 处于蔓背的芽或蔓，有垂直生长的优势，一般要予以控制，以免扰乱树形。

(6)芽的异质性 一条蔓上不同部位的芽，其饱满程度不同，蔓基部的芽最不饱满，中部的芽最饱满，前部的芽介于二者之间。修剪时，如要蔓生长健壮，则剪口芽应留饱满芽；若要控制生长，剪口芽留瘪芽。

(7)结果习性 包括花芽类型(混合芽)，结果蔓着生在结果母蔓的节位(2～20 节，多为 4～14 节)，果实着生在结果蔓上的节位(2～7 节)，有无大小年和隔年结果现象等。

4. 什么时候修剪中华猕猴桃?

一年四季除伤流期外均可修剪。落叶到伤流前修剪称冬季修剪，简称冬剪，又称休眠期修剪；萌芽至落叶时修剪称生长期修剪，又称夏季修剪,简称夏剪。

5. 中华猕猴桃冬季修剪有哪些手法? 其作用何在?

冬季修剪有短剪、疏剪、回缩、拉蔓、绑蔓、伤芽、刻伤等手法。

(1)短剪 将蔓条短截一段,可刺激剪口芽及其以下几个芽的萌发。短剪程度不同,修剪反应也不相同,短剪越重,刺激作用越大。

(2)疏剪 将其蔓条从基部剪除。它可调节蔓条密度,使树冠通风透光,还有抑前促后的作用。

(3)回缩 对多年生蔓进行短截。回缩对树体既有削弱作用,也有促进作用。回缩减少了叶面积,对树体有削弱作用,但它节约养分可促进后期枝蔓生长。

(4)拉蔓 将直立或斜生蔓拉平,缓和其生长势;拉蔓补空,使其分布均匀。

(5)绑蔓 将蔓绑于拉丝上,固定其位置,调节其生长方向。

(6)伤芽 伤害蔓背上的芽,促进侧芽萌发。同时,还可避免背上芽长出强旺的直立蔓而扰乱树形。

(7)刻伤 在枝蔓某处横刻一刀,深达木质部,使其养分运输受到阻碍,有抑前促后的作用。

6. 冬季修剪中华猕猴桃应按什么顺序进行?

冬季修剪中华猕猴桃树,应按"看、疏、截、摆、查"五步走的顺序进行。

一看:看树体的情况。看是什么品种,是雌株还是雄株,树势强还是弱,蔓条密度与分布等,做到心中有数,以便采取对策。

二疏:疏剪基部萌蘖、干枯蔓、病虫蔓、弱蔓、过密蔓和无利用价值的徒长蔓。

三截:对1年生蔓进行短截。根据品种结果习性、蔓条粗细和类型决定剪留长度。

四摆：将修剪后的长蔓初摆于架面，看是否均匀。

五查：最后检查是否有漏剪和错剪。

7. 中华猕猴桃短截修剪为什么要在剪口芽上 2～3 厘米下剪？

因其蔓的髓部较大，下剪部位离芽太近，水分蒸发太盛，将影响剪口芽的萌发和生长。

8. 中华猕猴桃夏季修剪有哪些手法？各有何作用？

夏季修剪的手法有除萌、抹芽、摘心、剪梢、疏梢、打梢、环剥、环刻等。

(1)除萌 除去树干上及基部的萌蘖。可以节约养分和避免萌条搅乱树形。

(2)抹芽 在春季萌芽时，抹去一个芽眼发出的双芽或三芽中的副芽、弱芽、病芽和过密的芽，可以减少树体养分消耗，使留下的芽抽梢健壮；少长枝蔓，使树冠通风透光。

(3)摘心 即摘除新梢嫩尖。对发育蔓摘心，可以充实蔓芽，使蔓增粗，芽子饱满，也可促进分枝；开花前对结果蔓摘心可以提高坐果率。

(4)剪梢 将已木质化或半木质化的新梢进行短截，促其分枝的作用比摘心的作用更大。

(5)疏梢 将新梢从基部剪除。疏去弱梢和过密的新梢，可减少养分消耗，使树体通风透光。

(6)打梢 生长后期用棍子打断梢尖，可促进蔓、芽充实。

(7)环剥 用刀在蔓某部位环状剥皮一圈或半圈，促进上部蔓、芽积累营养，有利于花芽分化。剥宽约为蔓粗的1/8。

(8)环刻 用刀在蔓某部环状刻伤，深达木质部。其作用与环剥相似,但效果较环剥稍差。

9. 中华猕猴桃整形修剪的依据有哪些?

(1)架式 大棚架采用"丫"字形或单干三主蔓放射形,T形架采用"丫"字形,篱架采用单干双层形。

(2)品种的生物学特性 萌芽力、成枝力、结果习性等不同,应分别修剪。

(3)树势 树势强,适当轻剪;树势弱,适当重剪。

(4)树龄 幼树生长势强,应适当轻剪,使树冠尽快扩大,产量尽快增加;成年树,适当重剪,以控制结果母蔓数量,求高产稳产;衰老树应重剪,利用隐芽抽蔓更新树冠。

(5)栽植密度 密度大,树冠宜小,分枝级次宜少;栽植稀,树冠宜大,分枝级次则多。

(6)立地条件 山地土壤瘠薄,土层浅,树势弱,树冠宜小,并宜适当重剪,以使树体健壮。土层深厚、土壤肥沃的平地树势强,树冠宜大,并宜适当轻剪,使之多结果。

(7)管理水平 栽培管理水平高,树势则强,应采用大树冠,适当轻剪。栽培管理水平低,树势必弱,宜采用小树冠,适当重剪。

10. 中华猕猴桃雌株修剪有哪些原则?

(1)冬季修剪 蔓蔓过眼,该剪就剪。对1年生长蔓、中蔓,蔓蔓过剪,依品种结果习性进行不同程度的短剪,轻、中、重结合。见萌蘖就除,见卷曲蔓和交叉蔓就截,见生长衰弱的多年生蔓就缩,见病虫枯蔓、直立蔓和带果柄蔓就疏,见1年生斜生或横生蔓上的上芽就伤。

(2)夏季修剪 见萌蘖和病梢、枯梢就除,见萌发的副芽、弱芽和上芽就抹,见卷曲蔓就摘;见结果蔓在果穗以上留7~10片叶摘心;见二、三次梢留2~3片叶摘心(幼树除外);见交叉蔓就调整其中一个的方向。见株与株之间碰头交叉就堵（短截）。

11. 中华猕猴桃的架式有哪些？哪种架式有利于提高果实的商品性？

其架式有棚架、篱架和三角形立架三类。棚架又分 T 形棚（简称 T 形），大棚架、小棚架；篱架又分单篱架和双篱架。其中大棚架最有利于提高果实的商品性。因为中华猕猴桃生长势强，棚架可缓和其生长势，新梢生长较为一致，结果均匀，个大整齐；又因果在棚面下可免受日灼。新西兰已着手改 T 架为大棚架，其次是 T 形架。我国商业性生产采用平顶大棚和 T 形架。这两种架式平地都可以采用。山地宜采用 T 形架。

12. 中华猕猴桃棚架什么时候立架？用什么架材？

中华猕猴桃生长势强，尤其是硬毛猕猴桃，最好是立架后栽植或栽植当年立架，这样可使主蔓当年上棚。最晚栽后第二年立架。架柱常用截面长宽各 10 厘米、长 2.6～2.8 米的钢筋水泥混凝土柱或直径 10～12 厘米的木柱，或比水泥柱稍粗的石柱。钢筋水泥混凝土柱最经久耐用。拉丝常用 8～10 号塑包钢丝或镀锌钢丝。大棚架横梁、边梁用 4～5 寸角铁。T 形架横梁有用钢筋水泥柱的，也有用角铁的，还有用木头的。

13. 如何立钢筋水泥柱大棚架？

若立小区整体棚架，沿树行隔 1 行立 1 行钢筋水泥柱，行内柱距 5～6 米，立柱入土深 60～70 厘米，柱要立正，前后左右要对齐。小区四周边柱的上端架角铁梁，角铁上每隔 60 厘米钻有穿丝眼，钢筋水泥柱上端部也有十字形穿丝眼和固定横梁的螺丝眼。中间立柱每隔 3～4 行架一道角铁横梁，其上也有穿丝眼。然后加固四周边柱。其方法有二：一是在立柱向内面立斜柱支撑，斜柱顶端紧顶立柱。斜柱也是用钢筋水泥柱，长2.5米；二是在立柱向外面离立柱2～3米处埋锚石桩牵引，系上钢丝绳将立柱拉紧（图20）。最后，棚面穿拉丝制网。拉丝要用紧丝钳拉直，系牢。棚架搭成后，棚面距地面1.8～2米。

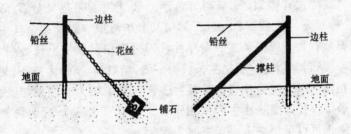

图20　边柱加固示意图

14. 怎样立 T 形架?

T 形架是在立柱上端设一横架，形似英文字母"T"，故称 T 形架。立 T 形架时，沿每个树行每5～6米立一根柱，埋深80厘米。水泥柱的规格同大棚水泥柱。立柱上端安装一根长2.5～2.8米的横梁，横梁下有2根撑杆，三者呈三角。横梁上均匀钻有5个穿丝眼，每行两端需要加固，加固的方法同大棚加固法。最后在横梁上穿10号塑包或镀锌钢丝（图21）。

15. 中华猕猴桃一生按照生长发育进程可分为哪几个时期? 各时期有哪些主要生育特征?

中华猕猴桃按其生长发育进程可分为幼年期、初果期、盛果期和衰老期。栽培的嫁接或扦插苗，从定植到始果称幼年期，此期很短，软毛种1～2年，硬毛种2～3年。此期生长旺盛，树冠迅速扩大。从开始结果到大量结果称初果期。此期树冠继续扩大，枝蔓

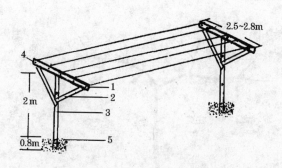

图21 "T"形架结构
1. 横梁 2. 撑杆 3. 支柱 4. 穿丝孔 5. 地面

数量不断增加,边长树边结果,果实大,为期2～3年。从大量结果到结果量下降称盛果期。此期树势由强逐渐转为中庸,结果量大,视管理水平此期可长达20～40年,甚至更长。从产量下降至死亡,称衰老期。此期树势逐渐衰弱,出现结果母蔓枯死,产量迅速下降以至无产,直至死亡。从栽培角度来说,不能让其等死,应加强管理可让该期长达5～10年。

16. 中华猕猴桃棚架栽培采用哪种树体结构为好?

以往猕猴桃整形树体结构一般分五级,即主干、主蔓、侧蔓、结果母蔓和结果蔓。现代化、标准化的商业性中华猕猴桃园,栽植株行距2～4米,而猕猴桃新梢的年生长量可达5～10米,因此其树体结构可以简化,分主干、主蔓和结果母蔓、结果蔓四级即可(图22)。主蔓上不再培养侧蔓。

17. 中华猕猴桃棚架栽培的幼年雌树怎样整形修剪?

栽植当年在苗旁插杆扶苗,使其主干向上通直生长。当年夏季或冬季在距棚面10～20厘米处短剪,使其分枝,在其分枝中选

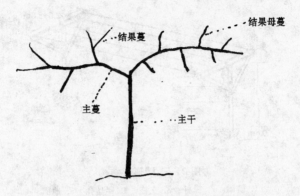

图22　中华猕猴桃棚架栽培树体结构示意图

两个沿行向背道而驰的蔓作主蔓。其余的蔓留作辅养蔓短剪,剪留6~8节,可以增叶面积,辅养树体,故称辅养蔓。同时也可以利用辅养蔓提早结果和增加初果期的产量。当主蔓长到株距1/2长时,将其拉平沿行向绑在中心拉丝上,然后摘心,并从主蔓后部棚面上的第一个饱满芽开始,在芽的前方刻伤,沿主蔓同侧每隔40厘米左右刻伤一个饱满芽。在另一侧于前述已刻两芽之间的中间位置饱满芽前刻伤,使其发芽,培养结果母蔓,使结果母蔓在主蔓上一左一右分布,呈互生状。结果母蔓生长到秋季时,树冠基本形成。管理好的,一般定植后2年可以形成。软毛猕猴桃第二年结果母蔓可以抽生结果蔓开花结果,也有部分不开花结果的新梢,称发育蔓。发育蔓又可作为翌年的结果母蔓。头2~3年也可以利用辅养蔓作为结果母蔓。同时也可利用二、三次梢作为结果母蔓。

18. 中华猕猴桃棚架栽培的初果期雌树怎样修剪?

中华猕猴桃的幼年期短,很快就进入初结果期。此期修剪宜轻,适当多留枝叶,以辅主干、主蔓增粗,为以后丰产培养好壮实的骨架。冬季修剪应适当多留结果母蔓,而且行轻短截,并将结果母蔓均匀地绑扶在架面上,形成结果母蔓组。要逐步疏剪辅养蔓。夏季修剪时,在结果母蔓上适当多留新梢,其他按修剪原则进行。此期为期 2～3 年,便进入盛果期。

19. 中华猕猴桃棚架栽培的盛果期雌树怎样修剪?

中华猕猴桃栽后 4～5 年便进入盛果期。进入盛果期后,修剪的重点是培养和更新结果母蔓组。冬季修剪时,对上年结果母蔓实行回缩,留两个发育蔓或结果蔓。其中前头一个短剪,作为翌年的结果母蔓。留芽数依品种结果习性而定,海沃德留 15～18 个芽,金魁剪留 5～6 个芽,魁蜜剪留 3～5 个芽,通山 5 号剪留 3～7 个芽。后一个行重短截(留 1～2 个饱满芽),留作预备蔓。其上可发 1～2 个芽,留 1 个抽梢培养,作为翌年的结果母蔓。连年如此修剪,才能丰产、稳产。

此期修剪应特别注意生长与结果平衡,产量与质量并重。决不能贪果,只追求产量,不讲质量。根据新西兰的经验,控制海沃德每 667 平方米面积产量在 1 500 千克左右,可以实现产量与质量兼顾。

各品种单株修剪的留芽数,从理论上讲可按以下公式留芽:

单株留芽数＝单株预定产量(千克)/[萌芽％×果蔓％×每果蔓果数×平均果重(千克)]。此公式也只能作参考,因为每个品种每年的萌芽的百分比、果蔓率、果实平均重是可变数。因此,在生产中多按留枝密度修剪,一般冬剪结果母蔓间距 30～40 厘米,夏剪结果蔓间距 10 厘米。其他按修剪原则进行。

20. 中华猕猴桃棚架栽培的衰老雌树怎样修剪?

中华猕猴桃盛果期过后,树势逐渐衰弱,产量很快下降,主蔓上的结果母蔓出现死亡现象。对衰老树要重修剪使之更新复壮。即对结果母蔓重回缩,利用其中生长较好的蔓更新结果母蔓组。

疏剪死结果母蔓,或利用主蔓上隐芽发出的徒长蔓更新结果母蔓。主蔓严重衰弱者,利用主干上的萌蘖更新主蔓。若主干也严重损坏,可锯至未损坏处,使主干上隐芽萌发抽梢更换主干。若主干已经死亡,可利用基部萌蘖高接换头,重新培养良种树冠。

21. 中华猕猴桃 T 架栽培的雌树怎样整形修剪?

T 架实际上与平顶大棚架类同,其整形修剪基本上与棚架相同,只是在修剪上稍有不同,即冬剪时结果母蔓剪留长度要长一些,让结果母蔓梢端从两边拉丝自由垂下,距离地面 60 厘米左右。

22. 中华猕猴桃雄株怎样修剪?

雄株的修剪往往被忽视,有的果农错误地认为它只开花不结果,不修剪花还多一些。几年之后,树体未老先衰,甚至死亡。尤其是庭院猕猴桃,经常出现死雄株的现象。殊不知雄株也需修剪。在生产园内,雄株又常与雌株同时同样冬剪,这就减少了雄株的开花量。

为了使猕猴桃雄株花期有更多的花粉给雌株授粉,雄株冬季修剪只疏枯蔓、病虫危害蔓以及基部萌蘖,重在夏剪。待雄株谢花后及时修剪。修剪时,对已开过花的开花母蔓回缩修剪,留 2～3 个未开花的生长蔓,作为翌年的开花母蔓。如没有生长蔓,可留 2～3 个生长健壮的开花蔓作为翌年的开花母蔓,疏剪其余已开过花的开花蔓。雄株在树体结构上也可在主蔓上配侧蔓,侧蔓上着生开花母蔓。对多年失修的雄株,也应在开花后进行树体改造,首先疏剪和回缩部分衰弱的多年生蔓,形成一个基本树形,然后再按上述方法修剪。

对新梢的夏季修剪重在对新梢长留和反复摘心,培养健壮的开花母蔓。疏剪弱梢和过密的梢。

七、花果管理

花果管理技术对提高中华猕猴桃商品性有十分明显的作用，是其核心技术。

1. 怎样促进中华猕猴桃花芽分化？

有花才有果，有分化良好的花芽，才能开正常花结优质果。因此，要在其花芽分化期采取有效措施促其分化。在5～9月生理分化期增施磷、钾、硼等肥料，提高树体内氨基酸和蛋白质含量，是促其生理分化的关键。秋季施好基肥是花芽分化的保证。

2. 中华猕猴桃坐果率很高，还需要人工授粉吗？

为了提高其果实的商品性，最好进行人工授粉。中华猕猴桃果实的大小和质量与种子数量密切相关，要达到出口重量标准（80克）以上，大体需要600～1 000粒种子。可见，必须大量授粉。人工授粉可以有意识地给花序的中心花授粉，中心花结的果实大而且周正，外观美丽。再说其自然坐果率高也是有条件的，即花期要风和日暖。因其花型是属于虫媒花型，靠昆虫授粉（主要是蜜蜂），如果花期遇上阴雨、低温天气，昆虫不出来活动，单靠自然坐果率必然坐果少，因此必须进行人工授粉。再则，中华猕猴桃花虽然属于虫媒花型，但它无蜜腺或蜜腺极不发达，不太吸引蜜蜂和其他昆虫。如果在猕猴桃园内或附近种植有与其花期相同、蜜腺发达的虫媒花型作物，放蜂的效果则必然不佳。

3. 中华猕猴桃的花粉怎样采集与保管？

当其雄株的花含苞待放时，最晚在初开时采摘下来，用镊子或手将花药拔下来放在白纸上置阴凉处晾干,待花药裂开撒出黄色花粉后,将花粉装入广口瓶内,瓶口不要盖严,放在盛有氯化钙的干燥器内,放入 0℃～5℃的冰箱或恒温箱内保存待用。

4. 怎样对中华猕猴桃雌株进行人工授粉?

(1)备用花粉点授 将备用花粉用石松子花粉或滑石粉稀释 30～50 倍装在小玻璃瓶内,于上午 8～11 时用毛笔或鸡毛粘花粉,轻轻涂抹在刚开放的中心雌花的柱头上。

(2)边摘边授 在上午 8～10 时,将已经开放正在撒粉的雄花摘下来,马上对准中心雌花柱头,花对花轻轻抹擦。一朵雄花可授 5～8 朵雌花。或用两朵雄花在中心雌花上对花抹擦,避免损伤雌花柱头而出现畸形果。

以上两种方法并非对每朵中心雌花都授粉,如果每 667 平方米按 80 株雌株算,要求产果 1500 千克,每株产 18.75 千克。再按品种果个的大小计算所产果数,然后加 10% 保险,便是授粉花朵数。例如,如某品种平均果重 100 克,需株产 188 个,授粉 207 朵即可。平均每株 10 个结果母蔓,每个结果母蔓均匀授粉 21 朵。

(3)喷粉授 将备用花粉用石松子花粉或滑石粉稀释后放入洁净的喷粉器内,于上午 8～11 时人工喷到雌花花序上,也可利用现代化的猕猴桃授粉器授粉。河北省一家工厂生产的猕猴桃授粉器,从采粉到授粉全过程系列化,很受陕西、四川猕猴桃栽培者欢迎(图 23)。

(4)喷液授 按花粉:蔗糖:水=1:10:9989 的质量比例配制花粉悬浮液,用洁净的喷雾器于上午 8～11 时喷到雌花花序上。

5. 中华猕猴桃花期放养蜜蜂授粉效果如何？应注意哪些事项？每公顷要放多少箱蜂？

蜜蜂腿上的毛很多，采粉量很大，很适于给虫媒花型的植物授粉。Palmer-Jones 和 Clinch（1974）研究了蜜蜂授粉的效果，与花期套尼龙网袋的无蜜蜂授粉的果实相比，明显增加了大果的比率（表35）。

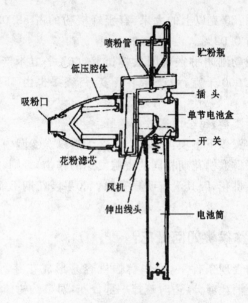

图23 猕猴桃授粉器结构

表35　有无蜜蜂传粉的果实果重比较

样　本	调查果数	果重情况（克）						大果数	大果（%）
		小于40	40～59	60～79	80～99	100～119	大于119		
蜜蜂传粉	167	1	5	14	57	75	15	147	88.02
无蜜蜂传粉	156	56	75	22	3	0	0	3	0.02

　　上表表明：80克以上的大果，有蜜蜂授粉的占88.02%，无蜜蜂授粉的只占0.02%。

　　据美国俄勒刚州猕猴桃园放蜂试验，667平方米产量由175千克增加到1 000千克，增产4.7倍多，一级果也由55%提高到67%。

　　据新西兰资料，每公顷需放8箱蜂。

　　放蜂应注意以下事项：①花前1～2天放蜂。②园内及附近不能种植与中华猕猴桃花期相同的蜜腺发达的作物，否则，蜜蜂很少问津中华猕猴桃花，因其没有明显蜜腺。③果园花期不能喷农药，以免伤害蜜蜂。

6. 中华猕猴桃如何疏花？

　　在正常的管理条件下，中华猕猴桃容易形成花芽，开花量较大。开花需要消耗养分，适时疏掉一部分花，对节约树体养分和促进坐优质大果有很大作用。疏花不如疏蕾，最好在花蕾期疏蕾。一般结果蔓中部的花蕾着生的果实个大质优，前部次之，基部最差。疏蕾时，人工摘除结果蔓基部的花蕾、中部和上部花序的侧蕾。疏蕾时要留有余地，适当多留，以防止倒春寒。

7. 中华猕猴桃有生理落果吗？

　　中华猕猴桃没有幼果期生理落果，少数品种如软毛的金丰，有采前落果现象。但幼果期干旱可引起落果。

8. 中华猕猴桃如何疏果?

中华猕猴桃坐果率很高,结果多了,树体负载过重,致使树势衰弱,不利于丰产稳产;同时果多则小,果实商品性低下。故应疏掉一部分。如果已行疏花,疏果量就不大了。如果没有疏花,应尽早疏果,在坐果后 1 个月之内进行。幼年树少疏,成年树适当多疏。留果量按盛果期树每 667 平方米产 1 500 千克考虑,再按品种果实平均重量计算留果量,然后将这个数分配到树、到结果母蔓。如某品种果实平均重为 100 克,每 667 平方米留果 15 000 个,每 667 平方米 80 株,每株 10 个结果母蔓,每结果母蔓留果 19 个。也可按结果蔓上每 8~10 厘米留 1 个果方法疏果。当然,树势有强弱之分,树势强的可适当多留,树势弱的可适当少留。

具体实施疏果时,先疏畸形果,再疏结果蔓基部的果,再疏结果蔓中、上部果穗的侧生果,疏小果,留大果。

9. 中华猕猴桃果实套袋对提高果实的商品性有何作用? 怎样套袋?

(1)套袋的作用 ①可以明显提高果实外观品质。套袋可以免受病虫侵害,果面免受农药污染,可提高好果率和净果率。套袋由于袋内温湿度条件适宜,果实可增重 25.7%~37.5%,从而提高了大果率。套袋果实颜色也均匀一致,增加外观美感。②猕猴桃果实套袋对提高其内在品质效果不十分明显,但套袋可以减少打药,农药使用量可减少 72.2%,果实农药残留量可降低 90.5%。③可以增加果实硬度,提高贮藏性能。据龙周侠等对秦美套袋试验,套袋果硬度增加 5%~10%,常温贮藏 40 天后,套黄色纸袋的好果率 100%,较对照高 8%。④可提高商品价值。据统计,猕猴桃套袋果实的价格较不套袋果实的价格高 20%~30%。据钟彩虹等研究,猕猴桃套袋还可以减少采前落果,因而可以提高产量和产值。

综上所述,猕猴桃果实套袋是提高其商品性的有力措施,应大力提倡应用。

(2)套袋方法 在花后 40～50 天,选用长 190 毫米,宽 140 毫米,袋底有通气流水孔、有弹性、防渗水的黄色纸袋套幼果。套袋前要喷一次药杀虫灭菌。药剂可选 25% 金力士 7 500 倍液、40% 安民乐乳油 1 500 倍液、百菌清 800 倍液等。具体套法是用左手托住纸套,右手撑开袋口,吹气鼓袋,使袋口向上,套住果实,袋口套至果柄基部,将袋口收拢并倒折,夹着果柄。于采果前 3～5 天去袋,或连袋采收。

八、病虫害防治

病虫危害既影响中华猕猴桃外观,也影响其内质。病虫害防治技术也是提高中华猕猴桃商品性栽培管理的重要技术。

1. 中华猕猴桃有多少种病虫害?

人们一向认为病虫害较少的中华猕猴桃现在病虫害也不少了,仅吴增军等主编的《猕猴桃病虫害原色图谱》一书中就记载了37种虫害和16种病害。就现有猕猴桃图书资料不完全统计,中华猕猴桃病害有30余种,害虫60余种。随着我国中华猕猴桃商品栽培历史的加长,病虫危害也将是影响中华猕猴桃树体生长发育、果实产量和果实商品性的极为重要的因素。

2. 透翅蛾为害中华猕猴桃的症状和发生规律怎样? 如何防治?

【为害症状】 该虫属鳞翅目透翅蛾科。刚孵化的幼虫多从叶柄基部蛀入猕猴桃当年生嫩梢髓部并向下蛀食至多年生蔓,将髓部蛀食中空,粪便排出挂在隧道孔外。植株受害后枯梢或断枝,致使树势衰弱,产量降低,品质变劣。

【发生规律】 1年发生1代。以高龄幼虫或老熟幼虫在蛀孔内越冬,翌年3月底4月初开始化蛹,5月上旬羽化,5月中旬至6月上旬产卵,6月中下旬为卵孵化盛期。幼虫一般转害1~2次,11月下旬开始越冬。越冬后,幼虫在隧道近端部将道壁咬1个羽化孔,然后吐丝封闭,做茧化蛹,成虫羽化后破茧脱孔而出。

【防治方法】 ①剪烧被害嫩梢,杀灭低龄幼虫。②寻孔注药。于4月下旬至5月上旬和10月中旬,用针筒注射80%敌敌畏乳油 10 倍液,或 50％辛硫磷乳油加煤油或柴油 30～50 倍液,然后堵塞蛀孔,熏死高龄幼虫。③卵孵化期喷 50％杀螟松乳油或 50％辛硫磷乳油 1 500～2 000 倍液。

3. 有哪些鳞翅目天蛾科的害虫为害中华猕猴桃? 其为害症状和发生规律怎样? 怎样防治?

有车天蛾(Ampelophaga rubiginosa Bremer et Grey)又名葡萄天蛾、葡萄纹天蛾,条背天蛾[Cechenena lineosa (walker)]又名棕绿背线天蛾,赭绒缺角天蛾[Acosmeryt sericeus (walker)]为害中华猕猴桃。

【为害症状】 主要是幼虫食害叶片,低龄幼虫将叶片吃成缺刻或洞眼,大龄幼虫可将整个叶片食尽,仅留部分粗脉和叶柄,严重时可将整株叶片吃光。

【发生规律】 车天蛾 1 年发生 2 代,以蛹在表土内越冬,翌年 5 月中下旬开始羽化,6 月上中旬为羽化盛期。成虫白天潜伏,夜间活动,有趋光性。卵单粒散产于叶背或嫩梢,6 月上旬开始孵化。幼虫活动迟缓,受触时头胸部左右摇摆,口器分泌出绿水。幼虫期 40～50 天,7 月中旬开始陆续老熟并入土化蛹,蛹期 10 天以上。7 月下旬开始羽化,8 月上中旬为羽化盛期。8 月上旬第二代幼虫开始为害,8 月下旬老熟幼虫入土化蛹越冬。条背天蛾 1 年发生 1 代,以老熟幼虫在土中越冬,翌年 4 月中下旬成虫羽化;卵单产于叶片上,幼虫 5 月中旬至 6 月下旬为害叶片。赭绒天蛾发生规律不详,浙江省 4 月中旬至 5 月下旬为幼虫为害期,5 月下旬至 8 月上旬可用灯诱杀成虫。

【防治方法】 ①冬季清园翻耕,消灭越冬虫、蛹。②在夏季幼虫为害期捕杀幼虫。③成虫发生期设蓝光灯诱杀成虫。④在低龄幼虫期喷药防治,可喷 20％灭扫利乳油 4 000 倍液或 2.5％功夫乳油 3 000 倍液,或2.5％敌杀死 8 000 倍液;或 90％晶体敌百虫,或

80%敌敌畏乳油1000倍液。

4. 藤豹大蚕蛾为害中华猕猴桃的症状和发生规律怎样？怎样防治？

【为害症状】 藤豹大蚕蛾（Loepa anthere Jordan）属鳞翅目大蚕蛾科。以幼虫食害叶片。主要寄主有猕猴桃、葛藤等藤本植物。

【发生规律】 1年1代，多以卵越冬。4月下旬至6月下旬为幼虫为害期。老熟幼虫在猕猴桃藤上或叶片上做茧化蛹，6月上旬开始羽化，成虫常在夜间活动。

【防治方法】 同车天蛾的防治。

5. 拟彩虎蛾为害中华猕猴桃的症状和发生规律怎样？怎样防治？

【为害症状】 拟虎彩蛾（Mimeusemia persimilis Butler）属鳞翅目虎蛾科。以幼虫取食叶片、花蕾及嫩梢。将花蕾啃食成直径约2毫米的洞孔，将叶片食成大缺刻或全部吃光。自上而下啃食新梢。

【发生规律】 1年发生1代。以老熟幼虫入土做土室化蛹越冬。翌年4月中旬羽化为成虫。卵产在叶片上。4月下旬至6月上旬是幼虫为害期。

【防治方法】 同车天蛾的防治。

6. 有哪些同翅目蜡蝉科害虫为害中华猕猴桃？其为害症状和发生规律怎样？怎样防治？

有八点广翅蜡蝉（Ricania speculum walker）、柿广翅蜡蝉（Ricania sublimbata jacobi）、眼纹疏广蜡蝉（Euricania ocellus walker）和斑衣蜡蝉[Lycorma delicatula（white）]为害中华猕猴

桃。除为害猕猴桃外，还为害桃、李、杏、梅、梨、葡萄、柿、枣等多种果树。

【为害症状】 成虫、若虫刺吸嫩梢、芽和叶的汁液,使叶褪绿,削弱树势,降低果实产量和品质。斑衣蜡蝉的刺孔连片还造成叶片破裂,其排泄物招致霉菌寄生,严重影响叶片光合作用。八点广翅蜡蝉和柿广翅蜡蝉还产卵于梢内,严重的造成产卵部位以上死亡。

【发生规律】 ①八点广翅蜡蝉1年发生1代。以卵在蔓内越冬,5月份陆续孵化为害,7月下旬开始老熟羽化,8月中旬为羽化盛期。成虫为害20天左右开始交尾,8月下旬至10月下旬为产卵期。成虫、若虫均为白天活动。若虫有群聚性,爬行迅速,善于跳跃。成虫飞行力较强而且迅速。成虫产卵于当年生蔓木质部内,每处产卵5～22粒,卵上覆盖有白色绵毛状蜡丝。成虫寿命50～70天,秋后陆续死亡。②柿广翅蜡蝉1年发生2代。以卵在当年生蔓内越冬,翌年4月上旬开始陆续孵化,4月中旬至6月上旬为第一代若虫盛发期。6月下旬至8月上旬为第一代成虫盛发期。7月中旬至8月中旬为第一代成虫产卵期。8～9月份为第二代若虫盛发期。9～10月份为第二代成虫盛发期。9月上旬至10月下旬为第二代成虫产卵期。卵产于当年生蔓木质部内,每次可产70～80粒,产卵孔外带有木丝,其上覆有白色毛状蜡丝。每头雌虫可产卵120～150粒,成虫寿命50～70天。③眼纹疏广蜡蝉1年发生1代,以卵在蔓内越冬,翌年5月份孵化,7～9月份可见成虫。④斑衣蜡蝉。1年发生1代,以卵在蔓内越冬,翌年5月中下旬孵化为若虫。6月中旬至7月下旬羽化为成虫。若虫和成虫都有群集性,若虫还有假死习性。

【防治方法】 ①剪除带卵蔓条并集中烧毁。②喷药防治。可喷10%吡虫啉可湿性粉剂2 000倍液,或新农宝乳油、40%速扑杀乳油、50%马拉硫磷、80%敌敌畏1 000倍液,25%优乐得或90%

万灵可湿性粉剂 3 000 倍液。由于若虫身上被有蜡粉,喷药时加入适量含油量 0.3％的柴油乳剂,以提高防治效果。

7. 有哪几种叶蝉为害中华猕猴桃？其为害症状和发生规律怎样？怎样防治？

有小绿叶蝉［Empoasca flarescens (Fabricius)］,别名小浮尘子;黑尾大叶蝉［Tettigoniella ferruginea (Fabricius)］,别名黑尾浮尘子。为害中华猕猴桃,还为害桃、李、杏、葡萄、梨等果树。

【为害症状】 若虫、成虫吸食中华猕猴桃芽、嫩梢和叶片的汁液,被害叶初期出现黄白色斑点,逐渐扩大变为苍白,严重时全树叶片苍白,造成早期落叶。

【发生规律】 小绿叶蝉 1 年发生 4～6 代。以成虫在落叶、树皮缝、杂草或低矮绿色植物中越冬。翌年春暖树体萌芽时飞到树上为害,并交尾产卵,卵期 5～20 天。若虫期 10～20 天。40～50 天为 1 代,世代重叠。8～9 月份是其为害盛期。成虫善跳跃,成虫、若虫多栖息于叶背。黑尾大叶蝉 1 年发生 1 代。以成虫在杂草中越冬,翌年 4 月下旬至 5 月上旬上树为害。5 月中下旬产卵,6 月上中旬孵化,8 月上中旬羽化。

【防治方法】 ①在秋季除草清园,减少越冬虫源。②喷药防治。在成虫、若虫发生期喷 20％叶蝉散乳油 800 倍液,或 25％速灭威可湿性粉剂 600～800 倍液,或菊脂类杀虫剂及 25％扑虱灵可湿性粉剂 1 500 倍液。

8. 斑带丽沫蝉和油桐三刺角蝉为害中华猕猴桃的症状和发生规律怎样？怎样防治？

斑带丽沫蝉(Cosmoscarta bisprcularis white)属同翅目沫蝉科,别名小斑红沫蝉、桃沫蝉、桑赤沫蝉。该虫除为害猕猴桃外,还为害桃、桑、茶、油茶、泡桐等树木。油桐三刺角蝉(Tricentrus aleuritischou)属同翅目角蝉科。二者均以成虫和若虫吸取中华猕猴桃嫩梢汁液。

【发生规律】 斑带丽沫蝉1年发生1代,以卵在枝蔓上或(枝蔓)内越冬,翌年4月开始孵化,5月中下旬为孵化盛期。若虫经多次蜕皮于6月中下旬羽化为成虫。7～8月份成虫交尾产卵。成虫受惊时,即行跳跃或短距离飞行。油桐三刺角蝉发生规律不详,以卵在枝条上越冬,4～7月份为害。

【防治方法】 ①剪除带卵蔓并烧毁。②喷药防治。5月中下旬和6月中下旬喷10%氯氰菊脂乳油3 000倍液,或20%灭扫利乳油4 000倍液。

9. 有哪些金龟子为害中华猕猴桃?其为害症状和发生规律怎样?如何防治?

白星花金龟子[Potosia (Liocola) brevitarsis Lewis]、斑喙丽金龟子(Adoretus tenuimaculatus waterhouse)、棉弧丽金龟子(Popillia mutans Newm.)、黄褐丽金龟子(Anomala exoleta Falderman)等为害中华猕猴桃。。

【为害症状】 金龟子成虫多为杂食性,为害中华猕猴桃嫩叶、嫩芽、嫩梢、花及成熟的果实。将叶片咬成缺刻或洞孔,受害叶片千疮百孔。被斑喙丽金龟子为害的叶片多呈锯齿状孔洞。幼虫为害根系,啃食根皮,吃掉嫩根。

【发生规律】 斑喙丽金龟子1年发生2代,其他三种金龟子1年发生1代。均以幼虫在土中越冬。成虫有趋光性,晴天昼伏夜出,飞翔力强,有假死性。白星花金龟子还有群集为害性。成虫发生盛期各异,白星花金龟子发生盛期为5月下旬至6月上旬,棉弧丽金龟子为8月中下旬,黄褐丽金龟子为7月下旬至8月上旬,斑喙丽金龟子为5月上旬和7月份。

【防治方法】 ①翻土杀幼虫。秋冬翻耕,破坏金龟子的越冬环境,造成幼虫死亡。也可拾杀部分幼虫或蛹。②人工捕捉。利用其成虫假死性,于夜晚震树使其掉落地上后捕捉。③利用灯火诱杀。利用其成虫趋光性在园旁设黑光灯诱杀,或在园内设燃火诱杀。④土壤施药杀成虫。利用成虫昼伏土中的习性,向土壤施撒 5% 紫丹颗粒剂,每 667 平方米施 2 千克。⑤喷药防治。在成虫盛发前喷 5% 锐劲特悬浮剂 1 000 倍液,或 80% 敌敌畏乳油 600 倍液,或 50% 辛硫磷乳油 800～1 000 倍液,或 48% 乐斯本乳油 600 倍液,或 40% 速扑杀乳油 2 000 倍液,或 50% 灵蛙乳油 300 倍液,或 21% 山瑞乳油 350 倍液,或 90% 晶体敌百虫 800 倍液。

10. 有哪些吸果夜蛾为害中华猕猴桃? 其为害症状和发生规律怎样? 如何防治?

鸟嘴壶夜蛾(Oraesia excavata Butter)、嘴壶夜蛾〔Oraesia emarginata (Fabricius)〕、枯叶夜蛾(Adris tyrannus Guene)、肖毛翅夜蛾〔Lagoptera dotata (Fabricius)〕、落叶夜蛾(Ophideres fullonica Linnaeus)、青安钮夜蛾(Anua tirthaca Cramer)等 6 种吸果夜蛾,均属鳞翅目夜蛾科,它们除为害中华猕猴桃外,还为害苹果、梨、李、杏、葡萄等多种果树的果实。

【为害症状】 成虫口器刺入成熟或即将成熟的果实内吸食汁液。被害果有的先出现针头大的小眼,果肉失水呈海绵状,用手指按压有松软感,以后变色凹陷,容易脱落;也有的果实在被害处形成一个硬块。果实受害轻者变形变质,不耐贮存;受害重的腐烂落果,味苦不能食用。

【发生规律】 以上 6 种吸果夜蛾的年发生代数因种类和地区不同而异。在浙江省一般 1 年发生 2～4 代。越冬虫态也因种类而异,越冬地点在果园内外寄主上或杂草丛内。鸟嘴壶夜蛾、嘴壶夜蛾 1 年发生 4 代,枯叶夜蛾 1 年发生 2～3 代。5 月份开始为害其他果树,9～11 月份为害猕猴桃。成虫白天潜伏在石缝或杂草、灌木丛中,黄昏时飞出为害,特别是天气闷热、无风雨、有月光的夜晚,可以通霄达旦为害。为害密度大时,一个果实上有几个成虫刺吸,刺孔多达 30 余个。皮薄、汁多、有香气的果实为害更重。

【防治方法】 ①果实套袋。最晚 7 月份将果实用黄色纸袋套上。此法为上,是提高中华猕猴桃果实商品性效果最明显的方法。②铲除果园及其周边灌木杂草,使之无藏身之地。③灯光驱赶。夜间照黄色荧光灯,每 1 000 平方米 1 盏。④喷药驱赶。采果前一个半月喷 5.7％百树得乳油 1 500 倍液。

11. 绿黄毛虫为害中华猕猴桃的症状、规律怎样？怎样防治？

【为害症状】 绿黄毛虫(Trabala vishnou Lefebure)属鳞翅目叶蛾科,系杂食性害虫。幼虫取食叶片,食量大,为害时间长,被害藤蔓常枯死。

【发生规律】 1 年发生 2 代,以卵在枝蔓和叶上越冬。第一代幼虫于 4 月下旬至 5 月下旬为害,第二代幼虫于 8 月上旬至 9 月中旬为害。

【防治方法】 ①人工捕杀幼虫和卵块。卵块被黄白色片状鳞毛,形似毛虫,很容易识别。②清园。冬季剪除带虫卵的枝蔓集中烧毁。③保护和利用螳螂、狩猎蜘蛛、舞毒蛾、平腹小蜂、黑足凹眼姬蜂和细颚姬蜂等天敌。④在低龄幼虫期喷 90％晶体敌百虫1 000 倍液,或 5％农梦特乳油 1 000 倍液。

12. 根结线虫为害中华猕猴桃的症状和发生规律怎样？怎样防治？

在猕猴桃的根际土壤中有许多种类的根结线虫。其中为害猕猴桃根系的有北方根结线虫(Meloidogyne halpa (nitwood))、南方根结线虫、爪哇根结线虫和花生根结线虫。以前者为主要种。

【为害现状】 根肿大或根瘤状,变成褐色,进而腐烂。不腐烂的也导致导管畸形或被阻塞,影响水分和养分的吸收,致使树体生长发育不良,但很少使树体死亡。根结线虫为害很普遍,而且很严重。在新西兰几乎每个果园都有根结线虫为害。据我国武汉地区对 313 株中华猕猴桃的调查中有 282 株有根瘤,寄生株率达 90%。

【发生规律】 以卵或线虫在肿瘤或根际土壤中越冬。在肿瘤中交尾产卵,也可在土壤中产卵。一头雌成虫可连续产卵 4 个月,约产 500 只卵。气候适宜,卵 2～3 天即可孵化。幼虫 2～3 周可性成熟产卵。根无论大小,均可周年受害。潮湿的沙土中发生较重,连作苗圃发生更重。

【防治方法】 ①苗圃轮作。②对引进的苗木严格检疫。③虫苗处理。剪除根瘤,将其集中烧毁,然后将苗根用 45℃左右的温水浸泡 5 分钟。④土壤处理。在环树冠挖浅沟施 35%丁硫克百威颗粒剂,每 667 平方米施 1 千克。

13. 人纹污灯蛾为害猕猴桃的症状和发生规律怎样?如何防治?

【为害症状】 人纹污灯蛾[Spllarctia subcarnea（walker）]属鳞翅目灯蛾科,为害猕猴桃叶片和新梢。幼虫取食叶片成缺刻,梢顶易受害。

【发生规律】 1 年发生 2 代。南方多以幼虫越冬,第一代成虫于翌春 2 月羽化,3 月上旬产卵;第二代成虫于 5 月中旬羽化。北京多以蛹越冬,第一代成虫于 5 月羽化,第二代成虫于 7～8 月份羽化。每头雌虫可产卵 400 粒左右。初孵化的幼虫群栖于叶背面,食害叶肉,3 龄以后分散为害。

【防治方法】 ①摘除有卵块和群栖幼虫的叶片,集中烧毁。②冬季翻耕土壤,消灭越冬虫、蛹,或在老熟幼虫转移时于树干周围束草,诱集化蛹,然后解草烧毁。③药剂防治。于幼虫为害期喷90%晶体敌百虫或 2.5%功夫乳油或 20%速灭杀丁乳油 3 000倍液。

14. 大蓑蛾为害中华猕猴桃的症状和发生规律怎样?怎样防治?

【为害症状】 大蓑蛾(Clania variegata Snellen)属鳞翅目蓑蛾科,又名大袋蛾。食性很杂,为害 600 多种植物。幼虫蚕食叶片,严重时可把叶片吃光,不取食时,在用植物残屑和丝织成的护囊中隐居。

【发生规律】 此虫 1 年发生 1 代,以老熟幼虫在护囊中越冬,翌年 5 月份为化蛹盛期,6 月上旬为成虫羽化盛期,6 月下旬至 9月下旬为其幼虫食害期,7 月上中旬食害最盛。

【防治方法】 ①人工摘除护囊。②7 月上中旬喷 90%晶体敌百虫 800 倍液。③生物防治。喷苏云金杆菌(Bt)或杀螟杆菌 1亿～2 亿孢子/毫升。

15. 枫树钩蛾为害中华猕猴桃的症状和发生规律怎样? 怎样防治?

【为害症状】 枫树钩蛾［Mimozethes argentifinearia(Leech)]属鳞翅目钩蛾科。以幼虫为害枫树、猕猴桃等植物的叶片。

【发生规律】 一年发生代数不详。5 月中旬开始为害,7 月中下旬出现成虫,成虫有趋光性。

【防治方法】 ①利用灯光诱杀成虫。②喷药杀幼虫。可喷90%晶体敌百虫 1 000 倍液,或 20%速灭杀丁 1 500～2 000 倍液。

16. 齿纹绢野螟为害中华猕猴桃的症状和发生规律怎样？怎样防治？

【为害症状】 齿纹绢野螟〔Diaphania crithusalis（walker）〕属鳞翅目螟蛾科。以幼虫吐丝将叶片下卷或将相邻叶片粘在一起，然后在其中取食叶肉，仅剩表皮一层薄膜，使受害叶片呈透明网络状。

【发生规律】 其发生规律不详，以老熟幼虫在枯卷叶中越冬。

【防治方法】 ①幼虫多在7月上旬至9月下旬为害，可在幼虫为害期喷40％新农宝乳油1500倍液或5％锐劲特悬乳剂1000倍液。②设黑光灯诱杀成虫。③摘除卷叶烧毁。④清园消灭越冬幼虫。

17. 蝙蝠蛾为害中华猕猴桃的症状和发生规律怎样？怎样防治？

蝙蝠蛾（Phassus excrescens Butler）又名柳蝙蝠蛾、瘤蛟蝙蝠蛾，属鳞翅目蝙蝠蛾科。其食性很杂，除为害猕猴桃外，还为害柳、核桃、葡萄、苹果、梨、山楂、杨树、榆树、桑树、枸树等。

【为害症状】 以幼虫在树干基部离地面50厘米左右和主蔓基部的皮层及木质部蛀食。蛀入时先吐丝结网，将虫体隐蔽，然后边蛀食边将咬下的木屑送出洞外粘在丝网上，最后连缀成网包将洞口掩盖。有时先在枝干上横食一圈或半圈再蛀入髓部，似环割状。化蛹前，虫包囊增大，颜色变成棕褐色，先咬一圆孔，并在虫道口用丝盖物堵在孔口，准备化蛹。

【发生规律】 在湖北1年发生1～2代。以卵在地面或幼虫在隧道内越冬。翌年4月中旬孵化，初龄幼虫以腐殖质为食，2～3龄后转向主干或主蔓。成虫于8月下旬至9月出现。

【防治方法】 ①4月中下旬初龄幼虫在地面活动期喷10％氯

氰菊脂2 000倍液。②寻虫包从洞孔注药或用细钢丝刺死幼虫。从洞孔注入50％敌敌畏50倍液,注后用棉花塞住孔口。

18. 麻皮蝽和硕蝽为害中华猕猴桃的症状和发生规律怎样？怎样防治？

【为害症状】 麻皮蝽(Erthesina fullo Thunberg)和硕蝽(Eurostus validus Dallas)均属半翅目蝽科。均以成虫、若虫刺吸猕猴桃嫩梢、嫩叶和果实汁液。叶片和嫩梢被害后,出现黄褐色斑点,叶脉变黑,叶肉组织颜色变暗,严重者导致叶片早落、嫩梢枯死。果实受害后,果面呈现坚硬青疔。该虫除为害猕猴桃外,还为害苹果、梨、柑橘等多种果树。

【发生规律】 麻皮蝽又名臭屁虫。1年发生2代。以成虫于杂草丛中、树洞、树皮裂缝、枯枝落叶下、墙缝、屋檐下、向阳崖缝隙内越冬。翌年5月上旬至6月下旬交尾产卵。第一代若虫于5月下旬至7月上旬孵出,6月下旬至8月中旬羽化成虫。第二代若虫出现在7月下旬至9月上旬,8月至10月下旬羽化为成虫。成虫有假死性。

硕蝽又名大臭蝽,1年发生1代,以若虫在杂草丛中越冬。

【防治方法】 ①在秋冬季清园,烧毁杂草。②利用其假死性于清晨振落成虫,人工捕杀。③在成虫产卵期和若虫期喷农药防治,喷40％新农宝乳油1 000倍液,或48％毒死蜱乳油1 000倍液。

19. 梨小食心虫为害猕猴桃的症状和发生规律怎样？如何防治？

【为害症状】 梨小食心虫(Grapholitha molesta Busck)属鳞翅目卷蛾科。以幼虫为害果实和新梢。果实受害后,起初在果面呈现一黑点,排出较细的虫粪,黑点周围逐渐腐烂变成黑疤,虫道直向果心,果实易腐烂脱落。该虫除为害猕猴桃外,还为害梨、苹果、桃等多种果树。

【发生规律】 梨小食心虫1年发生多代,华南地区1年发生6～7代,世代重叠。以老熟幼虫在果树枝干和根颈裂缝处结茧越冬。卵散产于果实表面或茧渣或两果接缝处。幼虫有转主为害的习性。

【防治方法】 ①冬季刮树皮集中烧毁。②冬季翻地破坏其越冬场所,减少虫源。③喷药防治。在成虫高峰期后3～5天内喷2.5%敌杀死乳油2 000倍液,或10%天王星乳油3 000倍液,或2.5%功夫乳油2 500倍液,或22%除虫净乳油1 500倍液。④保护和利用赤眼蜂、齿腿瘦姬蜂、小黄蜂、钝唇姬蜂、白僵菌等天敌进行生物防治。⑤因该虫有转主为害的习性,故猕猴桃园附近不要栽梨、桃、李、杏等果树。

20. 草履绵蚧、桑白蚧、角蜡蚧为害猕猴桃的症状和发生规律怎样?如何防治?

【为害症状】 草履绵蚧(Drosicha corpulenta Kuwana)、桑白蚧(Pseudaulacaspis pentagona Targioni-Tozze)、角蜡蚧(Ceroplastes ceriferus Anderson)均属同翅目。草履绵蚧以若虫刺吸枝叶的汁液为害。桑白蚧以若虫和雌成虫群集枝蔓上刺吸汁液为害。角蜡蚧以成虫和若虫在叶、嫩梢上刺吸汁液为害。

【发生规律】 草履蚧1年发生1代。以卵在树干周围5～10厘米深的土缝内或石块下产卵越冬,翌年3月孵化出若虫,4～5月份为害。桑白蚧1年发生2～3代,以受精雌成虫在多年生蔓上群集越冬,翌年5～6月中旬第一代若虫为害,6月下旬至7月中旬第二代若虫为害,8月下旬至9月中旬第三代若虫为害。角蜡蚧1年1发生代,以受精雌成虫在枝蔓上越冬,翌年4月份雌成虫在其蜡壳内产卵,6～8月份是若虫的主要为害期。

【防治方法】 ①人工防治。用硬毛刷或细钢丝刷刷去枝干上的虫体,或结合冬剪剪除有虫枝蔓。②喷药防治。早春萌芽前喷5～7波美度石硫合剂或5%柴油乳剂或99.1%敌死虫乳油或99%绿颖乳油50～80倍液对树体消毒。若虫为害期喷25%噻虫蟒水分散性粉剂6 000～8 000倍液,或48%乐斯本乳油或10%吡虫啉乳油2 000倍液,或52.5%农地乐乳油2 000倍液,或25%扑虱灵可湿性粉剂1 000～1 500倍液,或25%蚧死净乳油或40%速扑杀乳油1 000倍液。③生物防治。对桑白蚧若虫尽量不喷农药,以保护和利用其天敌红点唇瓢虫进行生物防治。

21. 猕猴桃细菌性溃疡病有何症状? 病原是什么? 发病规律怎样? 怎样防治?

【危害症状】 该病是一种严重威胁猕猴桃生产和发展的毁灭性病害。主要危害枝蔓,也危害叶片和果实。病部初呈水渍状,后颜色加深,病斑扩大,皮层与木质部分离,手压有松软感。病斑绕蔓迅速扩展。剖开蔓可见皮层变为褐色,髓部充满乳白色菌脓。后期病部皮层纵向线状龟裂,流出清白色黏液,不久变为红褐色。

【病　　原】 该病病原菌是单胞杆菌属的丁香假单胞杆菌猕猴桃致病变种(Pseudomonas syringae pv. acinidiae)。

【发病规律】 病菌主要在病蔓上越冬,也可随病蔓残体在土壤中越冬。翌年春季,病原细菌从病部溢出,借助风雨、昆虫或农事操作用具如修枝剪传播。病菌只侵染幼嫩组织。潜育期4～6天。5月上中旬为发病盛期,可重复侵染。随着气温升高,6月份病菌活动加剧,枝蔓输导组织被严重破坏而开始萎缩。

【防治方法】 ①建园时引进苗木要严格检疫,并对苗木用每毫升含700万单位的农用链霉素溶液加1%酒精消毒。②控制夏梢和秋梢,减少病菌侵染的幼嫩组织。③剪除病蔓集中烧毁。④秋季和早春对树体消毒。入冬前,喷0.3～0.5波美度石硫合剂

1～2次。萌芽前喷5波美度的石硫合剂。⑤萌芽至谢花期喷72%农用链霉素可湿性粉剂2 500倍液,或77%可杀得2000型800倍液,或80%必备可湿性粉剂400～600倍液,每7～10天喷1次,连喷4～5次。⑥树干上溢出菌脓时,用72%农用链霉素可湿性粉剂2 500倍液涂抹。

22. 猕猴桃黑斑病的危害症状如何?病原是什么?发病规律怎样?怎样防治?

【危害症状】 该病危害叶片、枝蔓和果实,严重影响猕猴桃的生长、结果和果实品质。叶片发病初期,背面出现灰色绒毛状小霉斑,逐渐扩大,颜色加深,变成黑斑,斑斑融合直至整叶枯落。果实发病初期亦出现灰色绒毛状小霉斑,以后逐渐扩大成暗灰色大绒霉斑,随后绒霉脱落形成凹陷病斑,病斑处果肉最早变软发酸,不堪食用,以后致使整果腐烂。

【病　原】 该病是一种真菌性病害,病原为半知菌亚门真菌称猕猴桃假尾孢(Psedocercospora actinidiae Deighton)。

【发病规律】 以菌丝在叶片病部或病残组织中越冬。翌年春天猕猴桃开花前后开始发病。6月上旬至7月中旬梅雨季节病害流行。

【防治方法】 ①建园时对苗木严格检疫。②清园消毒。冬季清除园内落叶、病蔓、病果,集中烧毁,然后于萌芽前用5波美度石硫合剂对树体消毒。③生长季节发现病叶、病果及时摘除并深埋或烧毁。④喷药防治。于5月上旬开始喷70%甲基硫菌灵可湿性粉剂1 000倍液,或80%炭疽福美可湿性粉剂或50%退菌特可湿性粉剂800倍液。每半个月喷1次,药液交替使用,连喷4～5次。

23. 猕猴桃褐斑病的危害症状怎样？病原是什么？发病规律怎样？怎样防治？

【危害症状】 该病危害叶片和枝干,导致叶片大量枯死或早落,严重影响果实的产量和品质。发病部位从叶缘开始,起初叶正面呈褐绿色小点或叶缘出现水渍状暗绿色小斑,后沿叶缘或向内形成不规则的大褐斑。病斑外沿深褐色,中部浅褐色至褐色,其上散生或密生黑色点粒,即病原分生孢子器。随着温度的升高,被害叶片向叶面卷曲或破裂,以至干枯脱落。

【病　原】 病原菌无性世代属半知菌类真菌叶点霉菌(phyllosticta sp.)。

【发病规律】 病菌以分生孢子器、菌丝体和子囊壳在病残落叶上越冬。翌年春季展叶后,分生孢子和子囊孢子借助风雨传播到叶上萌发菌丝进行初侵染,然后多次再侵染。

【防治方法】 ①冬季清园消毒,减少越冬病原。冬季修剪后清除园内枝蔓和落叶并集中烧毁。然后于萌芽前用 5 波美度石硫合剂对树体消毒。②生长季节发现病叶要及时摘除并烧毁。③加强肥水管理,增强树势,提高树体抗病能力。④喷药防治。发病初期开始喷 70%代森锰锌可湿性粉剂或 70%甲基硫菌灵可湿性粉剂 1 000 倍液或 50%多菌灵可湿性粉剂 1 500 倍液或 20%三唑酮乳油 6 000 倍液。每半个月喷 1 次,药液要交替使用,连喷 3～4 次。

24. 猕猴桃轮斑病的危害症状怎样？病原是什么？发病规律怎样？怎样防治？

【危害症状】 该病主要危害叶片。发病初期,在叶缘或叶面出现水渍状褪绿灰褐斑,以后病斑不断扩大,呈圆形或近圆形。病斑穿透叶面,叶背病斑呈黑褐色;叶面呈灰褐色,具轮纹,后期在病部散生或密生许多小黑点,即病原的分生孢子。

【病　原】　属半知菌亚门真菌,称轮斑盘多元孢菌(Pestalotia spp.)。

【发病规律】　病菌以分生孢子盘、菌丝体和分生孢子在病叶组织中越冬。翌年春季产生新的分生孢子,随风雨传播到叶面,在水滴中萌发,从气孔侵入为害。5～6月为重复侵染高峰。8～9月高温少雨,叶片大量焦枯。

【防治方法】　同褐斑病的防治。

25. 猕猴桃灰纹病的危害症状怎样? 病原是什么? 发病规律怎样? 怎样防治?

【危害症状】　该病主要危害叶片。病斑发生在叶缘或叶片中部,圆形或近圆形,灰褐色,具轮纹,病斑上生灰色霉状物,病斑较大。

【病　原】　属真菌枝孢属称尖孢枝孢(Cladosporium oxysporum Berk & Crut.)。

【发病规律】　病菌以菌丝在病残组织内越冬。翌年3～4月份产生分生孢子,借助风雨传播,重复侵染,直至越冬。

【防治方法】　同褐斑病的防治。

26. 猕猴桃膏药病的病原是什么? 其危害症状怎样? 发病规律怎样? 怎样防治?

【病　原】　该病有两种:一种是灰色膏药病,病原属担子菌亚门真菌,称柄隔担耳菌〔Septobasidium pedicellatum (Schw.) Pat.〕;另一种是褐色膏药病,病原属担子菌亚门真菌,称田中隔担耳菌(Septobasidium tanakae Miyabe)。

【危害症状】　二者主要危害多年生蔓。圆形、半圆形或不规则形的灰色或褐色菌丝斑紧贴蔓上,有如贴上了膏药

【发病规律】 病菌以菌丝体在病枝蔓上越冬。翌年春季当温湿度适宜时菌丝继续生长形成子实层。担孢子借风和介壳虫传播。

【防治方法】 ①加强肥水管理,增强树势,提高树体抗病能力。②剪除病枝病蔓并集中烧毁。③喷药防治介壳虫。④病部涂1波美度石硫合剂,或1％波尔多液,或1:20石灰乳。⑤对树冠喷70％甲基硫菌灵可湿性粉剂1 000倍液,或25％腈菌唑(特菌灵)乳油800倍液。

27. 猕猴桃蔓枯病的危害症状怎样?病原是什么?发病规律怎样?怎样防治?

【危害症状】 该病主要危害2年生以上的枝蔓。病斑多在剪、锯口、嫁接口和蔓杈处发生。病部初呈红褐色,逐渐变为暗褐色,形状不规则,组织腐烂。后期病部下陷,表面散生黑色小点,即病菌分生孢子器。潮湿时从小点粒内溢出乳白色卷丝状分生孢子角,病斑向四周扩展。当病斑环蔓1周时,上部枝蔓枯死,严重时造成整株死亡。

【病　原】 属子囊菌门真菌,称葡萄生小隐孢壳菌[Crypoto-sporella viticola (Red) Shear.]。

【发病规律】 病菌以菌丝和分生孢子器在病组织内越冬。借风雨、昆虫传播,从气孔或伤口侵入,可再侵染和潜伏侵染。

【防治方法】 ①加强肥水管理,增强树势。②剪除病枝,并集中烧毁。③喷药防治。萌芽前对树体喷5波美度石硫合剂进行消毒。抽梢前喷50％福星乳油8 000～10 000倍液,每周喷1次,连喷3次。生长期喷1:0.7:200波尔多液1～2次。

28. 猕猴桃疫霉根腐病危害症状如何？病原是什么？发病规律怎样？怎样防治？

【危害症状】 该病是疫霉菌所致的根部病害。感病植株始发于根颈或主、侧根，可蔓延到主干主蔓。病部开始呈水渍状，逐渐变褐腐烂后有酒糟味，并长出絮状白色霉状物。病情发展极为迅速，可使植株在短期内青枯死亡。

【病　　原】 属疫霉菌(Phytophthora spp.)。

【发病规律】 病原菌以卵孢子在病残组织中越冬。翌年春季卵孢子萌发产生游动孢子囊，再释放出游动孢子，借土壤和流水传播，从伤口侵入。可多次重复侵染。雨季土壤黏重、排水不良、土壤湿度大时容易发病，特别是果园喷水时更易侵染。

【防治方法】 ①注意果园排水。②多施有机肥以改良土壤结构，增强树势。③挖除病株烧毁病根。④翻土晒根，并按每株用10升水加100克50%敌克松可湿性粉剂泼浇根际。

29. 猕猴桃白绢根腐病的危害症状如何？病原是什么？发病规律怎样？怎样防治？

【危害症状】 该病危害根颈及主根。发病初期病部暗褐色，其上长出白丝绢状菌丝体，菌丝呈辐射状生长，最后环抱根颈或主根。附近土壤空隙也充满菌丝。菌丝彼此结合为菌索，菌索再缩结成菌核。病株生长衰弱，结果少，果小味淡，2～3年内逐渐死亡。

【病　　原】 属罗氏整齐小粒菌核菌(Sclerotium rolfsii Sacc.)。

【发病规律】 病菌以菌丝体、菌索、菌核在病残组织上或土中越冬。翌年4～9月份，由菌丝繁殖成菌索，菌索缩结成菌核，菌核萌发出菌丝进行侵染。

【防治方法】 同疫霉根腐病的防治。

30. 假侵蜜环菌根腐病危害症状怎样？病原是什么？发病规律怎样？怎样防治？

【危害症状】 该病主要危害根颈和主根，寄主多达 100 种。病菌感染后沿根颈、主根向上、下蔓延。初期根颈部皮层出现暗褐色水渍状或黄褐色块状斑，逐渐皮层变黑软腐。当土壤湿度增大时，病斑迅速扩大，能绕根颈 1 周。该菌能分泌果胶酶，使皮层细胞果胶质分解，皮层形成多层薄片状扇形菌丝层，并散发蘑菇气味，有时可见蜜黄色子实体。病斑逐渐蔓延导致整个根系变黑腐烂。

【病 原】 属发光假蜜环菌［Armillariella tabescens（Scop. Et Fr.）Singer］。

【发病规律】 病原菌以菌丝块或菌索在根部病残组织或土壤中残存的树桩中越冬。菌丝从伤口侵入，在高温高湿条件下容易发病。浙江省 4 月份开始发病，7～9 月份是发病盛期。

【防治方法】 ①搞好果园排水。②刮除根颈病斑，并涂波尔多液。③挖除病株，烧毁病根。④用 70％代森锰锌可湿性粉剂 200～400 倍液或 40％菌毒清水剂 300～500 倍液浇灌根际。

31. 白纹羽病的危害症状怎样？病原是什么？发病规律怎样？怎样防治？

【危害症状】 该病分布范围广，危害树种很多，是主要根系病害之一。其症状是多从细根开始发病，然后扩展到侧根和主根。病根皮层腐烂，病部表面缠绕有白色或灰白色丝网状物，即根状菌索。后期霉烂根皮层变硬如鞘。有时在病根木质部生有黑色圆形菌核。根际地面有菌丝膜，其上有时有小黑点即病菌的子囊壳。当病部根皮全部腐烂后，在坏死的木质部上形成大量的白色或灰白色放射状菌索。受害植株生长势逐渐衰弱，直至最后死亡。

【病　　原】　属褐座坚壳菌［Rosellinia necatrix（Hart.）Berl］。

【发病规律】　病菌以菌丝体、根状菌索和菌核随病根在土壤中越冬。温湿度适宜时,菌核或菌索长出新的菌丝,首先侵害新根的幼嫩组织,使幼根腐烂,然后逐渐蔓延到大根。病菌接触传染。

【防治方法】　①栽植前,苗木用10％硫酸铜溶液,或20％石灰水,或70％甲基硫菌灵可湿性粉剂500倍液浸泡1小时进行消毒。②根际泼施20％龙克菌悬浮剂300倍液,或20％三唑酮乳油6 000倍液,或50％多菌灵可湿性粉剂800～1 000倍液,或70％甲基硫菌灵可湿性粉剂1 000～1 200倍液。③挖除病株,烧毁病根,并对所挖坑穴用上述药液消毒。④加强果园肥水管理,增强树势,提高树体抗病性。

32. 猕猴桃根瘤病的危害症状怎样? 病原是什么? 发病规律怎样? 怎样防治?

【危害症状】　根瘤病又叫根癌病,发生在根颈或根部。发病初期在受害根部形成灰白色瘤状物。瘤状物表面粗糙,内部组织松软。根瘤不断增大后变成褐色或暗褐色,表层细胞逐渐枯死,内部木栓化,使树体水分和养分运输受阻,地上部生长衰弱,梢、叶发黄以至枯萎。

【病　　原】　属细菌性病害,病原菌是琼脂杆菌（Agrobacterium tumeflava）。

【发病规律】　病菌在土壤中生存,从伤口侵入根颈或根部,刺激根颈或根细胞形成肿瘤,2～3个月后表现出明显症状。碱性土有利于发病,酸性土发病较少。

【防治方法】　①苗木要严格检疫。②防治地下害虫,避免造成伤口。③发现根瘤,予以清除,并涂波尔多液保护伤口。

33. 猕猴桃花腐病的危害症状怎样？病原是什么？发病规律怎样？怎样防治？

【危害症状】 该病是一种细菌性病害，主要危害花和幼果，引起落花落果，或小果，或畸形果。病菌侵入后花蕾萼片上有褐色凹陷斑块，当侵入至花蕾内部后花瓣变为橘黄色。花开放时，里面组织已腐烂，病花很快脱落。危害不严重时，花也能开放，但开得很慢，同时花瓣变褐腐烂，似烫伤状。干枯后的花瓣挂在幼果上不脱落。当病菌从花瓣扩展到幼果时，引起幼果变褐萎缩，且易脱落。个别受害的雌花也能结果，但果小或畸形。该病菌也能危害叶片，致使受害叶片形成病斑。此病在叶正面为深褐色，周边有黄色晕圈，在叶背呈灰色。病斑上的色素可随雨水污染果皮而降低果实的商品价值。

【病　原】 该病病原为假单胞菌（Pseudomonas viridiflava）。

【发病规律】 病菌在芽内越冬。发病率常受气候的影响，现蕾至开花期遇阴雨低温天气或园内湿度太大时，发病较重。T形架比棚架发病重，这与前者的藤蔓离地面较近有关。

【防治方法】 ①合理修剪，改善树体通风透光条件。②药剂防治。萌芽前喷5波美度石硫合剂进行树体消毒。萌芽和花蕾期各喷1次0.1～0.3波美度石硫合剂，或20％福美铁可湿性粉剂800～1 000倍液。5月中下旬喷20％龙克菌悬液剂300倍液，或5％菌毒清水剂500～600倍液。

34. 猕猴桃蒂腐病病原是什么？危害症状怎样？发病规律怎样？怎样防治？

【病　原】 该病是一种危害果实的真菌性病害，其病原是葡萄孢菌（Botrgtis cinerea persoon）。

【危害症状】 发病初期果蒂处出现水渍状，以后病部均匀向下扩展,果肉开始腐烂,直至全果腐烂。有酒糟气味,病部被灰白霉菌。该病菌也致花腐。

【发病规律】 病菌以分生孢子在病部越冬。病菌孢子在花期大量形成,引起花腐烂。气流传播,果实在采收分级、包装和贮藏期间染病。

【防治方法】 ①摘除病花病果并集中烧毁。②开花期和采收前各喷1次倍量式波尔多液或70%代森锰锌可湿性粉剂500倍液。③采后用50%多菌灵可湿性粉剂1 000倍液加2,4-D100～200毫克/升浸果1分钟。

35. 猕猴桃软腐病的病原是什么? 危害症状怎样? 发病规律怎样? 怎样防治?

【病 原】 该病病原为葡萄座腔菌(Botryosphaeria dothidea ces. et Not)。

【危害症状】 该病危害成熟果实。发病初期,果实一侧出现指头大酒窝状病斑,病斑边缘水渍状暗绿色,病斑下果肉呈淡黄色,逐渐呈乳白色锥形腐烂,发展至整果腐烂。

【发病规律】 病原菌以菌丝体在枯蔓、果梗上越冬。翌年4～5月份生成分生孢子并初侵染寄主皮孔。6～8月份产生大量孢子,借风雨传播。一年中可多次侵染,待果实成熟后表现出病症。

【防治方法】 ①冬季清园。清除枯蔓、落叶并集中烧毁,以减少越冬病原。②幼果套袋,谢花后1周即套,避免幼果染病。此法为上策,可以免去多次打药。③药剂防治。5～7月份向树冠喷50%多菌灵可湿性粉剂1 500倍液,或1:0.5:200倍量式波尔多液,或50%扑海因可湿性粉剂1 500倍液,或70%甲硫菌灵可湿性粉剂1 000倍液。每隔1个月喷1次,药液要交替使用,连喷3次。采收前10天左右喷1次70%甲基硫菌灵1 000倍液;采收后用扑海因1 000毫升/升浸果1分钟。

36. 猕猴桃炭疽病的危害症状怎样？病原是什么？怎样防治？

【危害症状】 该病危害叶片、枝蔓和果实。被害叶片常从边缘出现灰褐色病斑，初呈水渍状，病健交界明显，逐渐转为不规则褐色病斑。病斑中间变为灰白色，边缘深褐色，其上散生许多小黑点（分生孢子），有的病斑破裂成孔，多雨潮湿时叶片腐烂脱落。枝蔓受害后，起初形成浅褐色小点，逐渐形成椭圆形病斑，病斑边缘褐色，中间有小黑点。果实受害后出现水渍状褐色圆形病斑，最后腐烂。

【病　原】 该病属真菌性病害，病原菌为半知菌刺盘孢菌（Collectotrichum sp.）。

【防治方法】 萌芽时喷 70％代森锌、50％多菌灵 800 倍液，或50％甲基硫菌灵可湿性粉剂 1000 倍液，每 10 天喷 1 次，连喷 3 次。

37. 猕猴桃花叶病的危害症状和发病规律怎样？病原是什么？怎样防治？

【危害症状】 有两种症状：一是受害叶片呈深绿色与浅绿色或黄绿相间的花叶症，另一种是叶片有黄白色不规则线状或斑块状，病健部交界明显。二者叶脉和脉间组织均可发病。

【发病规律】 病原主要在病枝里越冬，通过嫁接、插条和昆虫传染。

【病　原】 该病属病毒性侵染病害。带病枝条和苗木是传染源。

【防治方法】 ①加强检疫，栽植无病毒苗木。②嫁接、修剪时严格工具消毒。③剪除病蔓并烧毁。

38. 立枯病的危害症状怎样？病原是什么？发病规律怎样？怎样防治？

【危害症状】 立枯病是苗期的主要病害，幼苗感病后茎部初期呈水渍状小斑，继而下陷，呈棕褐色，逐渐扩大，茎部皮层腐烂，上部茎叶萎蔫。

【病　　原】　主要是丝核菌、镰刀菌和腐霉菌三种病原。

【发病规律】　三种病原分别以菌核、厚垣孢子和卵孢子在病残组织或 6 厘米以内的表土层越冬。4 月下旬开始侵染。一年中以春秋两季发病较多。一旦发病，发展很快。湿度大有利于发病。尤以出土 20 天以内的幼苗受害最重。

【防治方法】　①对播种圃土壤实行消毒：用土壤菌虫统杀 50％可湿性粉剂与细土拌成药土撒在苗床表面再翻土整地。②发病初期用上述药 800～1 000 倍液浇灌 2～3 次。

39. 怎样预防日灼病？

日灼病是由强烈太阳光直射所引起的一种生理性病害。可危害果实、叶片和枝蔓，以果实受害最为普遍。果实受害后，轻者受害部变为黄褐色或出现白色枯死斑，重者则受害部细胞组织坏死下陷呈圆形干疤。日灼果实常会脱落。不脱者其商品性低劣。果实受强光直射部位因水分失调而坏死干枯。

预防日灼病有以下 4 种方法：①采用棚架栽培，果实在棚荫下不会发生日灼。②果实套袋防日灼。③夏季修剪注意留叶遮果。④果园地面覆草保墒或种植绿肥，可以减轻日灼。

40. 怎样综合防治中华猕猴桃病虫害？

第一，加强肥水、修剪等栽培管理，增强树势，提高树体对病虫的抵抗能力。

第二，对苗木、接穗严格检疫，杜绝引入病虫害。

第三，每年冬季清园翻地，减少越冬的病虫源。

第四，每年萌芽前对树体喷波美 5 度石硫合剂进行消毒，减少越冬后的病虫基数。

第五，采用生物防治：①保护天敌，以虫治虫。如保护螳螂、寄生蜂、蜻蜓等,禁止使用对天敌杀伤力强的广谱性农药,如1059、1605等。②以菌治虫或病,如苏云金杆菌治鞘翅目害虫;用K84菌防治根癌病。③利用鸟、禽消灭害虫。保护和利用啄木鸟、黄鹂等啄食害虫;果园饲养鸡、鸭啄食害虫。

第六,物理防治。如利用灯光诱杀、糖醋液诱杀等方法治虫。

第七,化学药剂防治,此项措施只是辅助措施,主要依靠前述措施防治病虫害。

41. 我国中华猕猴桃果品农药残留限量标准是什么?

根据我国农业部农业行业标准(NY/T 425-2000),绿色食品猕猴桃的安全标准,中华猕猴桃果品农药残留量限量标准如表36所示。

表36　我国猕猴桃绿色果品标准的农药残留限量

项　目	指　标 (毫克/千克)	项　目	指　标 (毫克/千克)
砷(以As计)	≤0.2	敌敌畏	≤0.1
铅(以Pb计)	≤0.2	对硫磷	不得检出
镉(以Cd计)	≤0.01	马拉硫磷	不得检出
汞(以Hg计)	≤0.01	甲拌磷	不得检出
氟(以F计)	≤0.5	杀螟硫磷	≥0.2
稀　土	≤0.7	倍硫磷	≤0.02
六六六	≤0.05	氯氰菊酯	≤1
滴滴涕	≤0.05	溴氰菊酯	≤0.02
乐　果	≤0.5	氰戊菊酯	≤0.1

42. 我国无公害猕猴桃禁用的化学农药有哪些?

中华猕猴桃及其间作物上禁止使用的农药如表37所列化学

农药。

表 37　无公害猕猴桃园及间作物禁止使用的化学农药种类

种　类	农药名称
有机锡杀菌剂	三苯基氯化锡、毒菌锡、醋酸锡
取代苯类杀菌剂	五氯硝基苯
无机砷杀虫剂	砷酸钙、砷酸铅
有机砷杀菌剂	福美胂
有机汞杀菌剂	西力生、赛力散
氟制剂	氟化钙、氟化钠、氟乙酸钠、氟铝酸钠、氟乙酰胺
有机氯杀虫剂	滴滴涕、六六六
有机氯杀螨剂	三氯杀螨醇
卤代烷类熏蒸杀虫剂	二溴乙烷、二溴氯丙烷
有机磷杀虫剂	甲拌磷、乙拌磷、久效磷、对硫磷、甲基对硫磷、甲胺磷、磷胺、甲基异丙磷、治螟磷、氧化乐果（氧乐果）
氨基甲酸酯杀虫剂	涕灭威、克百威、灭多威
二甲基甲脒类杀虫杀螨剂	杀虫脒、苯甲脒
拟除虫菊酯类杀虫剂	所有拟除虫菊酯类杀虫剂
长残留除草剂	普施特、豆磺隆、甲磺隆、绿磺隆、阿特拉津、广灭录、阔草清、乙清胺、都尔
二苯醚类除草剂	除草醚、草枯醚
种衣剂	含有呋喃丹、甲胺磷的所有种衣剂

43. 中华猕猴桃园周年管理工作有哪些内容？

中华猕猴桃园周年管理工作内容见表 38。

表 38 中华猕猴桃园周年管理工作历

月　份	节　气	物候期	管 理 内 容
二　月	立春至雨水	休眠期	①复剪,绑蔓。后期去除防寒物。注意防止倒春寒 ②视旱情灌水 ③萌芽前 15 天左右,对全园(包括防护林)喷一遍 3～5 波美度石硫合剂 ④新建园补栽。改造利用野生资源,高接换头
三　月	惊蛰至春分	伤流期、萌芽期	①萌芽后施肥,灌水 ②绑蔓,抹芽 ③萌芽后喷一遍 0.3～0.5 波美度石硫合剂 ④对清耕制果园锄草,在生草制果园栽种草皮,对覆盖果园进行草秸覆盖,间作制果园种植春季间作物
四　月	清明至谷雨	新梢生长期、开花期	①绑蔓,抹芽,摘心,打顶;间作的管理 ②花前施肥,灌水 ③喷布防虫防病生物药剂,人工捕捉金龟子。对衰老树刮除腐烂病斑,局部涂药 ④花期喷硼 ⑤人工授粉 ⑥叶面喷肥
五　月	立夏至小满	开花坐果期、新梢速长期、果实速长期	①夏季修剪:拉枝,绑蔓,抹芽,摘心,剪梢;旺长树局部环剥、环割、倒贴皮、造缢痕 ②花后进行雄株修剪 ③疏花、疏果和果实套袋 ④病虫害预测预报,及时对症防治。注意防治蛾类幼虫和成虫。设立灯光诱杀、化学诱杀点。人工捕捉金龟子,释放天敌,防治介壳虫、梨星毛虫 ⑤果实膨大期施肥灌水。根据缺素症状进行根际追肥或叶面喷肥 ⑥雨水多的地区注意排水防涝渍,雨水少的地区灌水 ⑦管理间作物 ⑧生草制果园割草

续表 38

月 份	节 气	物候期	管 理 内 容
六 月	芒种至夏至	果实速长期、新梢生长期	①夏季修剪:拉枝、绑蔓、摘心、打顶和剪梢、疏梢 ②据病虫害预测预报,及时对症防治。注意防治蛾类幼虫和成虫。设立灯光诱杀、化学诱杀点 ③进行果园施肥灌水。根据缺素症状进行根际追肥或叶面喷肥 ④注意排水防涝渍,预防干热风、暴风雨和冰雹 ⑤生草制果园割草
七 月	小暑至大暑	新梢缓长期	①夏季修剪:拉枝、绑蔓、抹芽、摘心、打顶和剪梢、疏梢 ②根据病虫害预测预报及时对症防治,注意防治叶蝉类 ③根据缺素症状进行根际追肥或叶面喷肥 ④注意排水防涝渍,预防干热风、暴风雨和冰雹
八 月	立秋至处暑	果实膨大期	①夏季修剪:拉枝、绑蔓、摘心、打顶 ②对果园施肥灌水,根据缺素症状进行根际追肥或叶面喷肥,注意排水防涝渍 ③据病虫害预测预报及时对症防治 ④采收早熟果实 ⑤生草制果园割草
九 月	白露至秋分	果实成熟期	①采收早、中熟果实 ②施基肥和灌水 ③对地膜覆盖制果园覆膜 ④重视病虫害预测预报,及时对症防治 ⑤在东南沿海地区,注意排水防涝渍 ⑥防治果实病害
十 月	寒露至霜降	果实成熟期	①采收中、晚熟果实,注意防止气温骤降对树体或果实造成的危害 ②施基肥、灌水 ③对地膜覆盖制果园覆膜

续表 38

月　份	节　气	物候期	管　理　内　容
十一月	立冬至小雪	落叶期	①采收晚熟果实 ②对果园视旱情灌水 ③进行新建园定植,幼树园补栽 ④树干涂白,在北方地区对猕猴桃绑草或埋土防寒 ⑤树盘翻地,消灭土中越冬病虫
十二月	大雪至冬至	休眠期	①冬季修剪 ②清园消毒,清除园内杂草、枯枝、落叶,对全园普遍喷 1 次 3～5 波美度石硫合剂 ③新建园定植,幼树园补栽 ④灌冬水
一　月	小寒至大寒	休眠期	①冬季修剪 ②清园 ③防鼠、兔为害 ④新建园定植,幼树园补栽

九、自然灾害防御

在有自然灾害的地区，加强和提高防御自然灾害技术是提高中华猕猴桃商品性栽培的必要环节。

1. 中华猕猴桃的主要自然灾害有哪些？

主要有低温伤害（包括霜害、寒害和冻害）、干热风危害、暴风雨和冰雹灾害。

2. 中华猕猴桃对低温的忍耐力有多大？ 低温伤害有何症状？ 怎样防御？

（1）中华猕猴桃对低温的忍耐能力　中华猕猴桃在发育的不同时期对极端低温的耐受能力不同。休眠期对低温的耐受能力较强，生长期对低温的耐受能力较弱。硬毛猕猴桃品种在冬季枝蔓进入充分休眠后，可耐$-15℃$以上的短期低温和$-12℃$以上的长时期持续低温；生长期只能忍受$-1.5℃$短期低温和$-0.5℃$长期低温。软毛猕猴桃比硬毛猕猴桃耐寒性稍差，其对极端最低温度的耐受能力约比硬毛猕猴桃品种高$1℃\sim2℃$。

（2）低温伤害的症状

①早霜或气温急剧下降到超耐低温危害症状　表现为来不及正常落叶的嫩梢、树叶干枯，变褐死亡，挂于树枝蔓上不脱落；来不及采摘的果实，因果柄不产生离层，难以采摘，摘后不能通过后熟期，果实细胞不分离，始终硬而不能食用。

②冬季冻害表现　主干开裂，枝蔓失水，俗称抽梢或抽条，芽受冻发育不全，或表象活而实质死，不能萌发。有时候虽然温度降低程度没有达到上述指标，但伴随有低湿度和大风，俗称"干冷

风"，会导致严重枝蔓失水干枯，抽条，或大枝干纵裂，甚至全株死亡。

③晚霜及倒春寒伤害　表现为芽受冻，芽内器官不能正常发育，或已发育的器官变褐、死亡，导致芽不能正常萌发。或萌发的嫩梢、幼叶初期呈水渍状，随后变成黑色，以至死亡。

(3)预防或减轻低温伤害的措施

①灌冬水　水的热容量大，增加土壤中的水分，也就增加了土壤中保存的热量，其热量可缓解急剧降温的不良影响。

②涂白、包裹与埋土　在深秋，用石灰水将猕猴桃树干和大枝蔓涂白；或用稻草、麦秸等秸秆将猕猴桃树干包裹好，外包塑料膜；或两者并用。特别要将树的根颈部包严培土，可以有效地防止冻害的发生。定植不久的幼树，可以下架埋土防寒。

③喷水、熏烟和喷防冻剂　有低温伤害的地区，在天气预报有大幅度降温，可能会出现低温伤害时，可以采取以下三种措施。

一是树体喷水。水在凝结时释放的热量可以缓解局部降温的急剧性，凝结后可起到保护作用。此方法适合于水凝结点 0℃以下的急剧降温情况。

二是果园熏烟。用烟雾本身释放的热量和弥漫的烟雾作凝结核，使空气里的水汽凝结后释放出热量，缓解局部降温的急剧性。此法的应用比较普遍，注意熏烟时不能起明火。陕西周至县猕猴桃试验站发明一种好的熏烟法，是在用烟煤做的煤球材料中，加入废油，可使煤球能迅速点燃，但又不起明火，可用于防霜冻。只要每棵树下放置一块，效果就很好。

三是喷防冻剂。可供选用的防冻剂有螯合盐制剂、乳油乳胶制剂、高分子液化可降解塑料制剂和生物制剂。这些防冻剂喷用效果都不错。

以上熏烟、喷水和喷防冻剂三种方法，一定要在冻害来临前应用，否则起不到应有的作用。一般日温最低的时间段为下半夜3～

4 时,故上述措施应在夜里零时至 1 时进行。

3. 什么是干热风? 它对猕猴桃有何危害? 怎样防御?

干热风有 3 个指标:即气温在 30℃ 以上;空气相对湿度在 30% 以下;风速 30 米/秒以上。这三个指标中,30℃ 以上的高温并不可怕,但三者加起来,就会导致猕猴桃失水过度,新梢、叶片、果实萎蔫,果实表现发生日灼,叶缘干枯反卷,严重时脱落。给猕猴桃生产造成严重损失。可以采取以下防御措施:①建设好疏透型防风林,减低风速。②进行间作或生草。利用作物或草坪的降温和蒸发提高湿度的作用,可以较好地缓解干热风的危害。③灌水喷水。根据天气预报,在干热风来临前 1~3 天给猕猴桃树灌水,让树体在干热风到来之际有良好的水分状态。使土壤处于良好的供水状态,根系处于良好的吸水状态。有条件的地方,在干热风来临时,对猕猴桃园喷水。如果能做到这两点,即可有效地防御干热风危害。

4. 暴风雨和冰雹对中华猕猴桃有何危害? 怎样防御?

(1)危害症状 暴风雨和冰雹对猕猴桃的危害,主要是使嫩枝折断,叶片破碎或脱落,不能为树体制造赖以生存的碳水化合物,导致当年和翌年的花量和产量减少。严重时刮落或打烂果实,或使果实因风吹摆动而被擦伤,失去商品价值。

(2)防御措施

①选非灾区建园 农谚说"暴雨一小片,雹打一条线。"说明这两种自然灾害的发生有一定的规律,是可以在一定程度上进行预防的。首先要做好建园选址工作。自然界的大气流运动有一定的规律,冷暖气团急剧相遇引起暴风雨和冰雹。气团的运动除了受季风的影响以外,还受地面上水域、山脉甚至小生态环境的影响。所以,其发生的地域有一定的固定性。建园时,一定要避开这些经

常发生暴风雨和冰雹的地区。

②应用防暴雨、防冰雹设施防御　在常有暴风雨和冰雹发生地区的大型猕猴桃园，生长季节要特别注意当地的天气预报，及时组织安装和调配防暴雨、防雹设施，如火炮、引雷塔和飞机等。小面积果园可以在果园周围设立柴油燃烧装置和驱雹火炮。当预报有暴风雨和冰雹时，专职人员应密切注意高空积雨云形成的强弱与运动方向。若积雨云为黑色，翻滚剧烈，来势凶猛时，即为暴风雨和冰雹的发生症兆。在积雨云层即将到来之前，点燃柴油，形成局部热空气，冲散积雨云；或发射高空防雹炮弹驱走或驱散雹云；或出动飞机，进行减灾性异地人工降雨；或在空旷水域、地域设置引雷塔，对暴风雨和冰雹的发生地域，以雷电定点引导。

十、采收及采后管理

采收和采后管理技术是提高中华猕猴桃商品性的终端技术。采收、分级、包装、运输、贮藏保鲜与销售等环节操作细致与否,都与猕猴桃果实的商品性密切相关,因此各操作方法要科学,操作要细致。

1. 中华猕猴桃的采收期如何确定?

采收时间早晚对中华猕猴桃的食用性和贮藏性影响很大。采收过早,果实难以软化,味酸且涩,不堪食用,也不耐贮藏,即使软化,品质也很低劣;采收过晚,容易软化,但不耐运输和贮藏,所以必须适时采收。确定采收适期的最简便最科学的方法是用手持测糖仪(图24)测定果实的可溶性固形物的含量。我国农业部颁布的采收期的标准是:早、中熟品种可溶性固形物的含量为6.2%~6.5%,晚熟品种可溶性固形物含量为7%~8%。测定前,在园中同一品种随机选5株树,每株随机采2~3个果,共采10~15个果。测定时从果实中部四方各取少许果肉,将果汁挤出,滴在折光棱镜的玻璃片上,再把照明盖板盖在折光棱镜上合拢,然后从眼罩镜头就可看到所显示的刻度,即该果的可溶性固形物含量,做好记录。测完10~15个果后,求其平均值。就是该品种的可溶性固形物含量。如果达到了上述标准,就是该品种果实的适宜采收期。如果没有手持测糖仪,可以抽查果实,观其种子是否已呈黑褐色,如呈黑褐色则标志果实已经成熟。或试其果蒂与果柄之间离层是否已经形成,用手轻扭果实即可脱离果柄时便可采收。

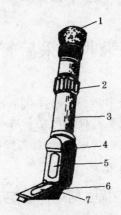

图 24　手持测糖仪
1. 眼罩　2. 旋钮　3. 镜管　4. 校正螺丝
5. 折光棱镜　6. 照明盖板　7. 光窗

2. 中华猕猴桃采收前需要做哪些准备工作?

(1)准备采果袋或采果篮　猕猴桃是浆果,皮很薄,很容易碰伤,最好用帆布采果袋采收(图 25)。采果篮由柳条或竹编织,内有蒲席、草席、布等软衬,其大小约装 5 千克。

(2)准备包装箱　常用的有纸箱、木箱和塑料箱。纸箱长宽比值 1.4～1.5,高 30～40 厘米。纸箱两头要各打两个直径 2 厘米的圆孔,以利于通气。木条箱长宽高分别为 45 厘米、33 厘米和23.5 厘米,可盛 12.5 千克。木条间距 1～1.5 厘米,木箱内面宜光滑,须有软衬。塑料箱长、宽、高分别为 40.5 厘米、29 厘米和 33厘米,可盛 12.5 千克,塑料箱也要有通气孔。其中以纸箱最好,用得最多。纸箱具有保温性,箱内温度比较稳定,箱内猕猴桃不会产生呼吸跃变,有利于运输和贮藏。同时纸箱轻便,便于搬运。采用纸箱包装的须从三个方面解决不抗压的问题:一是纸质要坚固;二是长宽要合适,据研究,纸箱长宽比以 1.4～1.5 最抗压;三是大小要适宜,用瓦楞纸箱以装 10～12.5 千克为宜。

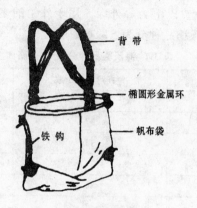

背带

椭圆形金属环

铁钩

帆布袋

图 25 采果袋示意图

(3)准备线手套 采收人员采收时必须戴线手套,并剪指甲,以免刺伤果实。

3. 怎样采收中华猕猴桃?

为避免猕猴桃受风、雨、强光和高温的影响,选择无风的阴天或晴天上午露水干后至 11 时、下午 4 时至天黑前采收。采收应分品种分批采收,先摘大果、好果,后摘小果和残次果。采摘时左手握着结果蔓,右手托着果实轻轻往上抬扭,果实即可采下,再轻轻地放在采果袋或采果篮里。袋、篮装满后轻轻地转入包装箱中,并尽快小心运往包装场所分级包装。

4. 中华猕猴桃怎样分级?

为了便于销售和贮藏,采收后应立即按品种分级。分级应在室内或工棚内进行,避免日晒雨淋。分级时,首先剔除病虫果、腐烂果、畸形果和受伤果,然后按单果平均重量分为五级:100 克以上为一级果,100~80 克为二级果,79~70 克为三级果,69~50 克为四级果,50 克以下为等外级。用于外销的多为一级和二级果。新西兰对海沃德品种分为 8 级(表 39)。

表 39　海沃德品种分级　　(新西兰)

级　别	每托盘果实个数	平均单果重量(克)
1	25	140.0
2	27	120.7
3	30	116.7
4	33	106.7
5	36	97.2
6	39	89.7
7	42	83.3
8	46	76.0

分级用人工分级或用机器分级,福建农业大学设计的和平式果实分级机(图 26)尚未得到很好推广,目前国内多用人工目测或使用分级孔板分级。

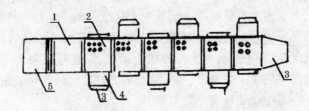

图 26　和平式果实分级机平面图
1. 输送带　2. 分级带　3. 果实出口
4. 输送环带　5. 进料斗

5. 猕猴桃包装有何意义？怎样包装？

猕猴桃的科学包装对提高果实商品性、安全运输和延长贮藏期都具有重要的意义。科学的包装可以避免或减少果实在搬运、装卸过程中造成的损失，便于安全运输。因果实损伤少，贮藏中烂果也会少。

中华猕猴桃是薄皮浆果，最好用软纸单个包好，放在专门制作的塑料果盘的凹中，然后放入包装箱内预先放好的特制的 PE 或 PVC 塑料膜袋中，每袋放 3～4 层。如果不用塑料盘包装，也必须用软纸或塑料泡沫网单个包裹，然后轻轻地分 3～5 层摆放在包装箱中的 PE 或 PVC 塑料膜袋中，最后封盖及时运往预冷室预冷。PE、PVC 塑料薄膜系国家农产品保鲜工程技术中心（天津）研制和生产，具有良好的透气性和透湿性，能防止果实结露，保鲜效果良好。

6. 对中华猕猴桃的运输有什么要求？

(1)快装快运 猕猴桃呼吸易跃变，果实易软化，采果后存放的时间越长，越不利于运输和贮藏，采摘后要及时分级，快装快运。

(2)轻装轻卸 因猕猴桃皮薄质嫩水分多，容易被碰伤而导致腐烂，故需轻装轻卸。

(3)防震防颠 驾驶员要细心、平稳地开车，避免运输途中出现颠簸而震坏果实。

(4)防热防冻 温度高，则果实呼吸作用旺盛，衰败快；温度低于 $-2℃$，果实便受冻。夏季长途运输，以用冷藏车运输为宜，车内温度保持在 $0℃～2℃$。不用冷藏车也必须盖上棚布，以防日晒雨淋。

7. 中华猕猴桃的贮藏寿命与哪些因素有关系？

中华猕猴桃是典型的呼吸跃变型浆果。在贮藏的过程中吸收氧气,产生二氧化碳和乙烯。氧气、二氧化碳和乙烯三种气体都影响其贮藏寿命的长短。降低氧气浓度,适当提高二氧化碳的浓度,消除乙烯,则可延长其贮藏寿命。其中乙烯是致命因素,它能促进果实的呼吸,提高多糖水解酶的活性,加速淀粉、果胶、纤维素的水解,促进果实后熟和软化。此外,也与品种、产地、栽培管理、采收期、采收方法、贮藏库的温湿度有关。一般来说,硬毛品种比软毛品种耐藏,晚熟品种比中、早熟品种耐藏;同一品种的果实,产于山区的比产于平原的耐藏;施有机肥的比只施化肥的耐藏;来自土壤肥沃果园的比来自贫瘠果园的耐藏;棚架果实比篱架果实耐藏;适时采收的比过早、过晚采收的耐藏;细心采收的比粗放采收的耐藏;冷藏库温、湿度稳定时果实耐藏,温、湿度经常变化的冷藏库的果实最不耐藏。

8. 中华猕猴桃贮藏保鲜的适宜条件是什么?

贮藏环境的温度为 $0℃\sim2℃$;空气相对湿度为 $90\%\sim95\%$;气调时二氧化碳的含量为 $4\%\sim5\%$,氧气含量为 $2\%\sim4\%$,乙烯的含量不超过 0.03×10^{-6}。中华猕猴桃在适宜的条件下可以贮藏 $6\sim8$ 个月。

9. 中华猕猴桃有哪些贮藏保鲜方法?

有常温贮藏、沙藏、松针沙藏、窑洞贮藏、通风库贮藏、冷库贮藏、气调贮藏等保鲜方法。

10. 在常温下如何贮藏猕猴桃?

先准备好 0.03 毫米厚的聚乙烯塑料薄膜袋,袋的规格为 50 厘米×35 厘米×15 厘米,将塑料袋放在包装箱内待装。再将充分冷却后的果实用抗氧化剂 0.2% 的 D-异维生素 C 钠溶液浸果 $3\sim5$ 分钟,晾干后装入塑料袋中,每袋装 2.5 千克。然后再在塑料袋中放一包猕猴桃保鲜剂或放一些用饱和高锰酸钾溶液浸泡过的碎砖块,最后用橡皮筋扎紧袋口,放在冷凉的房间或地下室。每半个月检查1次,发现烂果、病果要及时剔除,以免相互感染。此法适用于冷凉地区小量贮藏保鲜。

11. 怎样沙藏中华猕猴桃?

选择阴凉、通气的房间,先垫一层干净细沙,然后一层猕猴桃一层沙地摆放,层内猕猴桃之间距离约为1厘米,最上层是一层厚为10～20厘米、手捏能成团、一触即散的半湿的沙子。每10天左右检查1次,看是否有鼠害和烂果,如有烂果要及时剔除。该法适于短期贮藏保鲜,可保鲜2个月。

12. 怎样用松针和沙贮藏中华猕猴桃?

先在木箱内铺一层松针和半湿的沙子,然后摆一层冷却过的果实,一层果一层松针和湿沙的摆放,装满木箱后,放在阴凉、通风处贮存。在果实存放过程中每10天或半个月检查1次,及时清除软果和烂果。此法优于纯沙贮藏方法,通气性好,易于保湿,消耗较小。但仅适于短期贮藏保鲜,可贮藏3个月。

13. 怎样利用土窑洞贮藏中华猕猴桃?

土窑洞由窑门、窑身和排气筒组成。窑门面向北或西北方向。门宽1.5米,高2米左右。设三道门,第一、二道门距离很近,且均安木门或铁门。为了缓冲进入窑洞的空气,防止骤冷骤热,第三道门距第一道门3～5米,只挂门帘;窑身长30米,宽、高各3米。排气孔设于窑尾,高出地面5米。

土窑洞是一种结构简单、建造方便的节能贮藏设施,是利用外界冷源贮藏,不易控制窑内温度。贮藏时对窑洞及包装器材要消毒,可用硫黄熏蒸,或用1%～2%福尔马林或漂白粉溶液喷洒消毒。闭窑 2～3 天后开启门窗通风 2～3 天,放进装有处理好的猕猴桃包装箱贮藏。果箱交错堆放,箱与箱之间距离 3～5 厘米。贮藏过程中要经常观察窑内温、湿度的变化。如果温度高,于凌晨和夜间打开窑洞门和排气孔换气降温。如果温度低于 0℃,可在外界气温 0℃～5℃时开门窗换气。如果空气相对湿度小于 90％时,可在窑内地面适当洒水以增加空气相对湿度。如果湿度大于95％时,可开门换气调节。对贮藏的果品也要 10 天至半个月检查1 次,发现软果或烂果要及时剔除,注意防治鼠害。

14. 怎样利用通风库贮藏中华猕猴桃?

通风库是具有良好的绝热建筑和通风设备,利用昼夜温差进行通风换气,保持库内比较适宜贮藏的温度的库房。通风库有地下式、半地下式和地上式三种。库址应选择通风良好的冷凉山地阴坡、场地开阔、交通方便的地方建库,库坐南朝北,其结构如图27 所示。

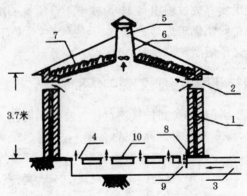

图 27　地上通风库示意图

1. 绝热墙　2. 风窗　3. 进风道　4. 进风口　5. 排气筒
6. 风扇　7. 保温层　8. 风口　9. 防鼠网　10. 地面

通风库的管理基本上与窑洞贮藏相同。由于通风库仍然是利用外面自然冷源贮藏,库内温度难以严格控制,仅适宜中短期贮藏。

15. 怎样利用冷库贮藏中华猕猴桃?

冷库贮藏是目前比较好的贮藏方法,但建库的成本较高。冷库一般由冷冻机房、贮藏库、缓冲间(预冷间)和包装场 4 部分组成。冷冻机房装有制冷设备,制冷设备主要包括制冷压缩冷凝机组和冷风机(换热器)两大部分。利用冷风机降温效果良好。中、小型冷库多用氟里昂作制冷剂,大型冷库用氨制冷。贮藏室内安装有加湿器、空气洗涤器(图 28)和乙烯脱除器。

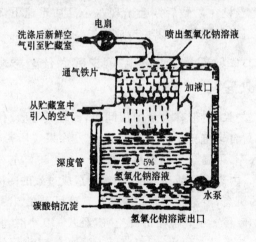

图 28 空气洗涤器

果实采收后在 48 小时之内分级装箱完毕,进入缓冲间预冷,然后转入冷库贮藏。大型冷库果箱交错排堆,2～3 排为一垛,垛间留 40～50 厘米宽的走道,便于通气和检查行走。库温控制在

0℃～1℃,空气相对湿度控制在 90％～95％。如果空气相对湿度小于 90％,则用加湿器增加空气相对湿度,如果空气相对湿度过大,果面"出汗",可用氯化钙、木炭等物吸湿。在冷库贮藏过程中,每隔一定时间要用空气洗涤器洗涤库内空气,用乙烯脱除器除去库内乙烯。如果库内没有安装空气洗涤器和乙烯脱除器,也要隔一定时间通风换气,避免果实呼吸作用产生的二氧化碳和乙烯促进果实软化。冷库管理人员应经常检查果品质量,及时剔除软果和烂果。并且要观察记录库内温湿度变化、鼠害情况以及其他异常情况。

从冷库拿出果品销售不能直接拿到库外,要先拿到预冷室过渡,否则库内外温差太大,造成果面凝水,易招致果实病害。

中华猕猴桃在贮藏后期会出现一个品质迅速下降的突变时期,此前应组织出库销售,以免造成损失。

16. 中华猕猴桃入冷库贮藏之前为什么要预冷处理? 怎样预冷处理?

刚采收的果实,带有大量的田间热,而且其呼吸、代谢等生理活动旺盛,易自动催熟。预冷的目的是去除果实所带的田间热。不经预冷入库,果温与库内温度相差太大(约 30℃左右),会使果实表面凝水、内部生理活动紊乱,甚至会造成过激的冷冻伤而增加病菌侵入的机会,严重影响其耐藏性。预冷可以在预冷室内进行,给予 0.75 升/秒·千克流量的冷空气,经 8～10 小时,将果温降至3℃～4℃。如果没有预冷室,可将装有果实的包装箱放在通气的室内凉冷。

17. 中华猕猴桃怎样进行气调贮藏?

气调贮藏是将冷藏库密封,人为改变库内气体成分的一种贮藏方法。使用电子自动控制,对果实贮藏全过程进行调控,是目前提高果实商品性最理想的贮藏保鲜技术。气调贮藏能将库内温度严格控制在 0℃~1℃,空气相对湿度在 90%~95%,二氧化碳含量在 4%~5%,氧气含量在 2%~4%,乙烯的含量不超过 0.03×10^{-6},猕猴桃可贮藏保鲜 6~8 个月。

18. 猕猴桃常用的保鲜剂有哪几种?

主要有两种:一是 SM-8 保鲜剂,二是 SDF 型猕猴桃保鲜剂。SM-8 保鲜剂可以防止果实腐烂、失水和软化,高效、无毒。SDF 型猕猴桃保鲜剂:由中国农业科学院成都有机化学研究所和都江堰市中华猕猴桃公司联合研制。其成分以油菜磷脂为主,无毒无害,可直接用冷水稀释。

19. 在销售环节中怎样提高中华猕猴桃的商品性?

一是用美观小纸盒单盘包装,每盒 6~12 个裸果,盒盖嵌透明塑料纸,使顾客一目了然。

二是对未软的果实催熟。有的顾客买了猕猴桃马上就吃,需要买已经软化或接近软化的猕猴桃;有的顾客买猕猴桃送人或不马上吃,需要买没有发软的猕猴桃。为了满足不同人群的要求,商店应准备不同硬度的猕猴桃商品。如果都是硬猕猴桃则需对少量猕猴桃进行催熟处理。催熟的方法是将硬果放在塑料帐或密闭容器内用乙烯催熟。或用 1 000 毫升/千克乙烯浸果 2 分钟,可加速果胶在酶的作用下降解为可溶性果胶,使果实软化;同时在淀粉酶的作用下淀粉分解成可溶性糖,使果味变甜。

三是不准顾客乱翻乱捏,以免造成果实损伤而烂果。

参考文献

[1]黄宏文主编．猕猴桃研究进展（Ⅰ－Ⅳ）．科学出版社，2000，2003，2005，2007.

[2]黄宏文主编．猕猴桃高效栽培．北京:金盾出版社,2001.

[3]韩礼星主编．猕猴桃标准化生产技术．北京:金盾出版社,2008.

[4]齐秀娟,韩礼星主编．怎样提高猕猴桃栽培效益．北京:金盾出版社,2006.

[5]朱道圩主编．猕猴桃优质丰产关键技术．北京:中国农业出版社,1999.

[6]张指南,侯志浩编著．中华猕猴桃的引种栽培与利用．北京:中国农业出版社,1999.

[7]蒋桂华编著．猕猴桃栽培技术．杭州:浙江科学技术出版社,1996.

[8]左长清主编．中华猕猴桃栽培与加工技术．北京:中国农业出版社,1996.

[9]张洁编著．猕猴桃栽培与利用．北京:金盾出版社,1994.

[10]张有平,等编著．秦美猕猴桃栽培．西安:陕西科学技术出版社,1993.

[11]姚允聪,等编著．猕猴桃三高栽培技术．北京:中国农业大学出版社,1998.

[12]吴增军,等主编．猕猴桃病虫原色图谱．杭州:浙江科学技术出版社,2007.

[13]高海生主编．猕猴桃贮藏保鲜与深加工技术．北京：金盾出版社,2006.

[14]梁畴芬等．中华猕猴桃硬毛变种学名订正．广西植物，1984,181～182.

果树薄膜高产栽培技术	7.50 元	果品产地贮藏保鲜技术	5.60 元
果树壁蜂授粉新技术	6.50 元	干旱地区果树栽培技术	10.00 元
果树大棚温室栽培技术	4.50 元	果树嫁接新技术	7.00 元
大棚果树病虫害防治	16.00 元	果树嫁接技术图解	12.00 元
果园农药使用指南	21.00 元	落叶果树新优品种苗木	
无公害果园农药使用		繁育技术	16.50 元
指南	12.00 元	苹果园艺工培训教材	10.00 元
果树寒害与防御	5.50 元	怎样提高苹果栽培效益	13.00 元
果树害虫生物防治	5.00 元	苹果优质高产栽培	6.50 元
果树病虫害诊断与防治		苹果新品种及矮化密植	
原色图谱	98.00 元	技术	5.00 元
果树病虫害生物防治	15.00 元	苹果优质无公害生产技	
果树病虫害防治	15.00 元	术	7.00 元
果树病虫害诊断与防治		图说苹果高效栽培关键	
技术口诀	12.00 元	技术	10.00 元
苹果梨山楂病虫害诊断		苹果高效栽培教材	4.50 元
与防治原色图谱	38.00 元	苹果病虫害防治	14.00 元
中国果树病毒病原色图		苹果病毒病防治	6.50 元
谱	18.00 元	苹果园病虫综合治理	
果树无病毒苗木繁育与		(第二版)	5.50 元
栽培	14.50 元	苹果树合理整形修剪图	
果品贮运工培训教材	8.00 元	解(修订版)	15.00 元
无公害果品生产技术		苹果园土壤管理与节水	
(修订版)	24.00 元	灌溉技术	10.00 元
果品优质生产技术	8.00 元	红富士苹果高产栽培	8.50 元
果品采后处理及贮运保		红富士苹果生产关键技	
鲜	20.00 元	术	6.00 元

技术	5.50 元	杏和李病虫害及防治原	
大棚温室葡萄栽培技术	4.00 元	色图册	18.00 元
葡萄保护地栽培	5.50 元	李树杏树良种引种指导	14.50 元
葡萄无公害高效栽培	16.00 元	怎样提高杏栽培效益	10.00 元
葡萄良种引种指导	12.00 元	银杏栽培技术	4.00 元
葡萄高效栽培教材	6.00 元	银杏矮化速生种植技术	5.00 元
葡萄整形修剪图解	6.00 元	李杏樱桃病虫害防治	8.00 元
葡萄标准化生产技术	11.50 元	梨树良种引种指导	7.00 元
怎样提高葡萄栽培效益	12.00 元	柿树良种引种指导	7.00 元
寒地葡萄高效栽培	13.00 元	柿树栽培技术(第二次修	
葡萄园艺工培训教材	11.00 元	订版)	9.00 元
李无公害高效栽培	8.50 元	图说柿高效栽培关键技	
李树丰产栽培	3.00 元	术	18.00 元
引进优质李规范化栽培	6.50 元	柿无公害高产栽培与加	
李树保护地栽培	3.50 元	工	12.00 元
怎样提高李栽培效益	9.00 元	柿子贮藏与加工技术	5.00 元
欧李栽培与开发利用	9.00 元	柿病虫害及防治原色图	
李树整形修剪图解	6.50 元	册	12.00 元
杏标准化生产技术	10.00 元	甜柿标准化生产技术	8.00 元
杏无公害高效栽培	8.00 元	枣树良种引种指导	12.50 元
杏树高产栽培(修订版)	7.00 元	枣树高产栽培新技术	10.00 元
杏大棚早熟丰产栽培技		枣树优质丰产实用技术	
术	5.50 元	问答	8.00 元
杏树保护地栽培	4.00 元	枣树病虫害防治(修订版)	7.00 元
仁用杏丰产栽培技术	4.00 元	枣无公害高效栽培	13.00 元
鲜食杏优质丰产技术	7.50 元	冬枣优质丰产栽培新技	
杏和李高效栽培教材	4.50 元	术	11.50 元

以上图书由全国各地新华书店经销。凡向本社邮购图书或音像制品,可通过邮局汇款,在汇单"附言"栏填写所购书目,邮购图书均可享受 9 折优惠。购书 30 元(按打折后实款计算)以上的免收邮挂费,购书不足 30 元的按邮局资费标准收取 3 元挂号费,邮寄费由我社承担。邮购地址:北京市丰台区晓月中路 29 号,邮政编码:100072,联系人:金友,电话:(010)83210681、83210682、83219215、83219217(传真)。